서울교대 초등수학연구회(SEMC) 글 | 엔싹(이창우, 류준문) 그림

녹색지팡이

## 머리말

수학은 오랜 역사를 통해 발전되어 온 자연의 법칙을 이해하는 언어이며 지적 발달의 도구로 입증된 주요 과목입니다. 하지만 안타깝게도 전 세계의 사람들은 대부분 수학을 어려워하고 싫어합니다.

저는 어떻게 하면 우리 아이들이 수학 속의 참 재미를 알고 수학을 쉽게 공부할 수 있을지 고민하고 연구해 왔습니다. 그리고 오랜 연구 끝에 수학을 재미있게 공부하려면 다음과 같은 것들이 중요하다는 결론을 얻게 되었습니다.

첫째, 수학을 본격적으로 접하는 초등학교 때부터 올바른 공부법을 몸에 익혀야 합니다. 주변에서 흔히 수학을 제대로 공부하기 전부터 숫자 쓰기, 계산 문제 등으로 아이들의 흥미를 잃게 만드는 경우를 종종 볼 수 있습니다. 수학은 계산을 잘하는 능력이 아닌, 원리와 개념을 제대로 이해하고 그것을 응용하는 능력을 기르는 과목입니다. 자칫 계산 능력과 문제 풀이에 지나치게 집중하다가는 수학의 흥미를 놓치고 말 것입니다.

둘째, 시간이 걸리더라도 아이가 혼자서 곰곰이 생각해 보고, 스스로 문제를 해결하는 것이 중요합니다. 선생님이나 부모님은 먼저 가르치려고 하기보다 아이들이 스스로 이해하고 문제를 해결할 수 있도록 도와주어야 합니다.

셋째, 아이들 스스로가 수학의 참 재미를 알아야 합니다. 세계 3대 수학자 중 한 사람인 가우스는 말을 배우기 전부터 스스로 계산하는

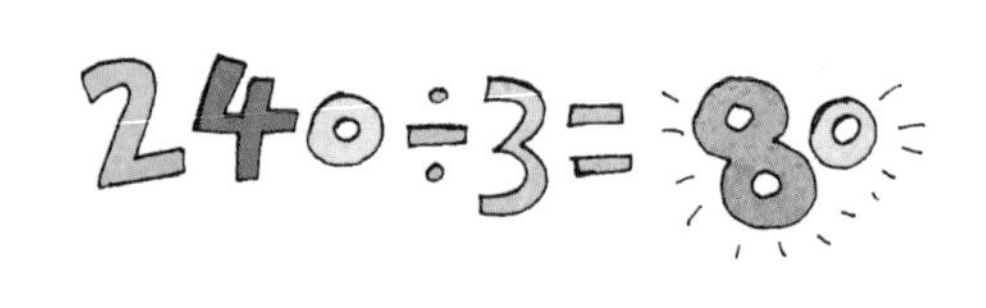

법을 깨우쳤고, 5세에 아버지의 계산 장부에서 틀린 것을 바로잡았다고 합니다. 그리고 18세에 평생 수학을 공부하겠다는 결심을 한 뒤 일기를 쓰기 시작했는데, 이것이 그 유명한 가우스의 수학 일기입니다. 가우스의 일기 속에는 새로운 수학적 사실의 발견에 기뻐하는 내용이 많다고 합니다. 이처럼 힘든 고민을 거듭하다가 스스로의 힘으로 문제를 해결했을 때 아이들은 수학의 참 재미와 뿌듯함을 느끼게 됩니다.

이 책은 이러한 결론들을 반영하여 만들었습니다.

단순한 계산이나 반복적인 문제 풀이가 아닌, 생활 속 이야기들로 수학의 개념과 원리를 자연스럽게 이해하고, 스스로 문제를 해결해 볼 수 있도록 구성하였습니다. 이 책을 혼자서 차근차근 읽어 나가는 사이, 아이들은 자신도 모르게 수학의 참 재미를 느끼게 될 것입니다. 또한 이 책은 교육 과정에서 다루는 1년 단위의 수학 속 개념을 영역별로 묶어 통째로 이해할 수 있도록 만들었기 때문에, 한 영역에서 부족한 부분이 있는 아이들과 다음 단계를 미리 공부하고 싶은 아이들 모두가 효과적으로 활용할 수 있습니다. 이 책을 통해 모든 어린이들이 수학에 더 큰 재미를 느끼고 신 나게 공부하기를 바랍니다.

2013년

서울교육대학교 총장

신항균

# 5학년 수학 친구, 이렇게 활용해요!

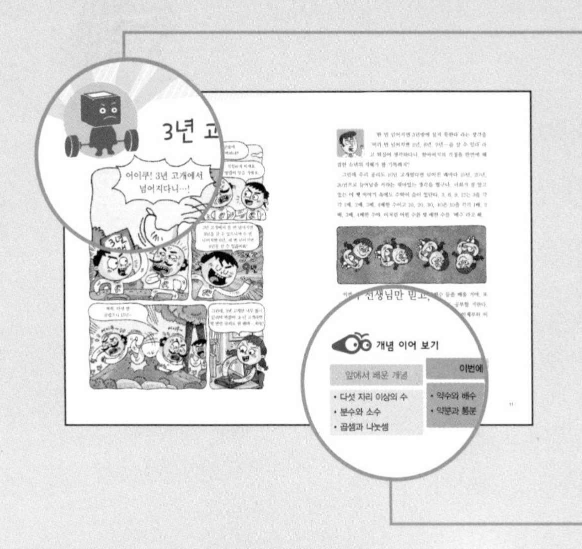


### 신 나게 개념 열기

재미있는 만화로 생활 속에서 일어나는 여러 가지 일을 수학적으로 어떻게 해결할지 예측해 보고, 선생님의 친절한 해설을 통해 앞으로 배울 개념을 미리 살펴봐요.

### 개념 이어 보기

해당 수학 영역 안에서 수학 개념의 흐름을 보고 스스로 부족한 부분과 더 배워야 할 부분을 한눈에 알 수 있어요.

### 쏙쏙 들어오는 수학 개념

선생님이 들려주는 생생한 이야기와 친절한 그림 설명을 통해 어렵게만 느껴지던 수학 개념이 머릿속에 쏙쏙 들어와요. 중간중간에 선생님이 내는 수학 문제도 직접 해결해 볼 수 있어요.

### 모자란 1%까지 채워 주는 도움말

선생님과 친구들의 대화를 통해 중요한 개념은 다시 한 번 정리하고, 헷갈리거나 더 궁금해 할 만한 내용을 시원하게 해결해 줘요.

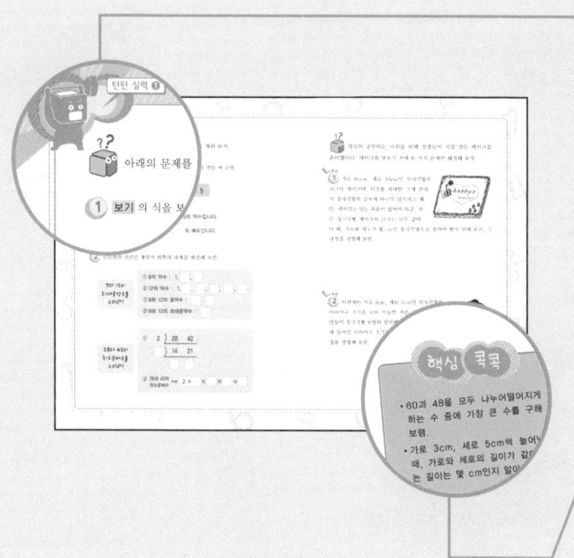

## 실력이 탄탄해지는 확인 문제

스토리텔링 형식의 여러 가지 활동을 통해 앞에서 익힌 개념을 스스로 확인하고 점검해요. 서술형 문제로 사고력과 문제 해결력도 키워요.

## 핵심을 콕콕 찍어 주는 힌트

스스로 문제 해결이 어려울 때 도움이 되고, 중요한 개념을 다시 한 번 정리할 수 있어요.

## 볼수록 궁금한 수학 이야기

숫자의 기원부터 천재 수학자의 숨겨진 이야기까지, 타임머신을 타고 과거 여행을 떠난 것처럼 수학의 역사와 관련된 흥미로운 이야기로 지식을 더욱 넓혀요.

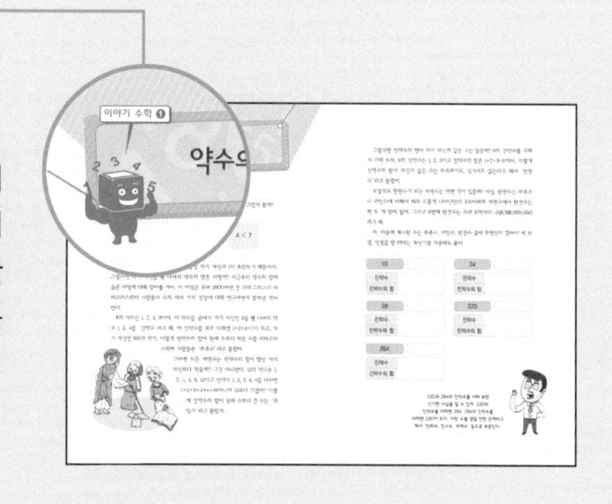

## 더 똑똑해지는 수학 일기

그림 일기, 마인드맵, 신문 스크랩 등을 이용한 수학 일기를 써 보면서 수학 개념을 완벽하게 자신의 것으로 만들 수 있어요.

차례

## 약수와 배수



## 분수와 소수의 계산



## 여러 가지 도형



## 넓이와 단위



## 자료의 표현

## 비와 비율



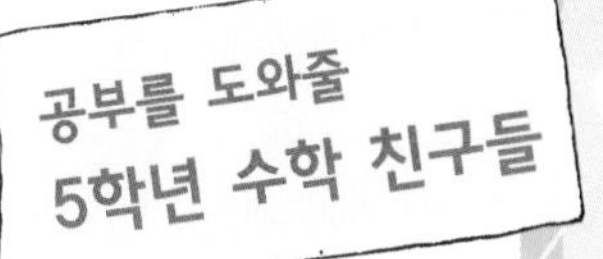

유기하 선생님

수학을 좋아하며 특히 도형에 관심이 많아 도형 문제만 나오면 쉬지 않고 열심히 설명하셔서 별명이 유클리드 선생님이다. 자신이 직접 만든 빵이나 쿠키를 이용해 수학을 설명하기도 한다.

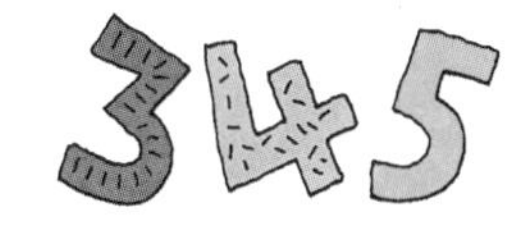
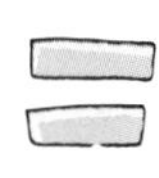

공리

수학에 관심이 많고 어려운 문제를 만나면 끈질기게 파고드는 똑순이다. 쌍둥이 오빠인 공준이가 짓궂게 굴면 토라지기도 하지만 마음속으로는 오빠를 늘 생각하고 챙기는 착한 동생이다.

공준

공리의 쌍둥이 오빠. 공리보다 10분 먼저 태어났지만 듬직한 오빠 역할을 한다. 동생인 공리에게 장난치기 일쑤지만 공리를 아끼고 잘 챙긴다. 공리와 같은 반인 원준이와도 사이가 좋아 셋이 잘 어울려 다닌다.

원준

4학년 때부터 공리와 같은 반인 친구이다. 공리, 공준이와는 알쏭달쏭 어려운 수학 문제들을 함께 풀다가 점점 친해졌다. 호기심 많은 성격으로, 어려운 수학 문제를 스스로 해결하려고 노력한다.

## 한눈에 훑어보는 5학년 수학

이 책에는 어떤 수학 개념들이 등장하는지, 2015년부터 새로 바뀌는 교과서와 어떻게 연관되어 있는지 한눈에 볼 수 있어요. 교과서만 보고 이해가 되지 않는 개념들을 이 책에서 찾아보세요!

| 영역 | 이 책의 구성 | 주요 개념 | 새 교과 연계 |
|---|---|---|---|
| 수와 연산 | 약수와 배수 | - 약수와 배수<br>- 공약수와 최대공약수<br>- 공배수와 최소공배수<br>- 약분과 통분 | 5-1 약수와 배수<br>5-1 약분과 통분 |
| | 분수와 소수의 계산 | - 여러 가지 분수의 덧셈과 뺄셈<br>- 여러 가지 분수의 곱셈과 나눗셈<br>- 소수의 곱셈과 나눗셈 | 5-1 분수의 덧셈과 뺄셈<br>5-1 분수의 곱셈<br>5-2 소수의 곱셈<br>5-2 분수의 나눗셈<br>5-2 소수의 나눗셈 |
| 도형 | 여러 가지 도형 | - 도형의 합동<br>- 선대칭과 점대칭<br>- 직육면체와 정육면체 | 5-1 직육면체<br>5-2 도형의 합동과 대칭 |
| 측정 | 넓이와 단위 | - 평면도형의 둘레와 넓이 (직사각형, 정사각형, 평행사변형, 삼각형, 사다리꼴, 마름모)<br>- 무게의 단위 | 5-1 평면도형의 둘레와 넓이<br>5-2 여러 가지 단위 |
| 규칙성 | 비와 비율 | - 비와 비율<br>- 백분율 | 5-2 비와 비율 |
| 확률과 통계 | 자료의 표현 | - 막대그래프와 꺾은선그래프<br>- 그림그래프<br>- 평균<br>- 가능성 | 5-2 자료의 표현 |

5학년 1학기 약수와 배수
약분과 통분
약수와 배수
분모가 서로 다른 분수끼리 더하거나 빼려면 어떻게 해야 하지?
분모를 서로 같게 만들면 되는 거 아닐까?
그렇지. 분모를 같게 하려면 약수와 배수에 대해 알아야 한단다.
$\frac{4}{8}+\frac{2}{8}=\frac{4+2}{8}=\frac{6}{8}$

# 3년 고개

어이쿠! 3년 고개에서
넘어지다니…!
3년 고개

휴~ 이제 3년밖에
못 살 텐데, 어떡하나?
걱정하지 마세요.
방법이 있을 거예요.

옳지! 3년 고개에 가서
또 넘어지세요.
아니, 또
넘어지라니?

3년 고개에서 한 번 넘어지면
3년을 살 수 있으니까 두 번
넘어지면 6년, 세 번 넘어지면
9년을 살 수 있잖아요!
3×3
9년

헉헉, 다섯 번
굴렀으니 15년~
어이쿠~
어이쿠~

그런데, 3년 고개면 너무 많이
굴러야 하잖아. 10년 고개라면
몇 번만 굴러도 될 텐데….히힛!

'한 번 넘어지면 3년밖에 살지 못한다.' 라는 생각을 '여러 번 넘어지면 3년, 6년, 9년…을 살 수 있다.' 라고 뒤집어 생각하다니, 할아버지의 걱정을 한번에 해결한 소년의 지혜가 참 기특하지?

그런데 우리 공리도 10년 고개였다면 넘어질 때마다 10년, 20년, 30년으로 늘어났을 거라는 재미있는 생각을 했구나. 너희가 잘 알고 있는 이 옛 이야기 속에도 수학이 숨어 있단다. 3, 6, 9, 12는 3을 각각 1배, 2배, 3배, 4배한 수이고 10, 20, 30, 40은 10을 각각 1배, 2배, 3배, 4배한 수야. 이처럼 어떤 수를 몇 배한 수를 '배수' 라고 해.

이번 시간에는 약수와 배수, 공약수와 공배수 등을 배울 거야. 또 공약수와 공배수를 이용한 약분과 통분에 대해서도 공부할 거란다. 잘 모르는 용어들이 한꺼번에 나와서 걱정된다고? 자, 이제부터 이 유기하 선생님만 믿고, 차근차근 따라오렴.

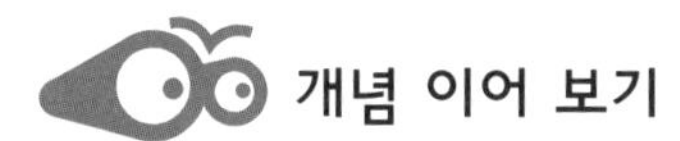

### 개념 이어 보기

| 앞에서 배운 개념 | 이번에 배울 개념 | 뒤에서 배울 개념 |
|---|---|---|
| • 다섯 자리 이상의 수<br>• 분수와 소수<br>• 곱셈과 나눗셈 | • 약수와 배수<br>• 약분과 통분 | • 분수의 덧셈과 뺄셈<br>• 분수의 곱셈 |

# 약수와 배수

## 나머지가 없도록 나누려면?

오늘은 특별히 너희를 위해 선생님이 맛있는 빵 6개를 만들어 왔단다. 우선 먹기 전에, 6개의 빵을 하나도 남기지 않고 똑같이 나눌 수 있는 방법에 대해 생각해 볼까?

- 빵을 1개씩 나눠 주면,

   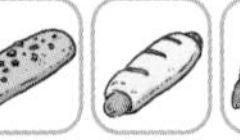 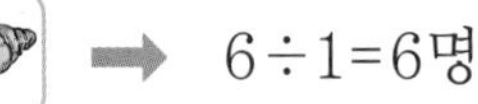 ➡ 6÷1=6명

- 빵을 2개씩 나눠 주면,

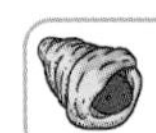   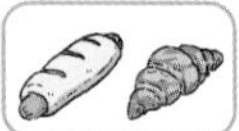 ➡ 6÷2=3명

- 빵을 3개씩 나눠 주면,

 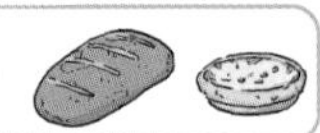  ➡ 6÷3=2명

- 빵을 6개씩 나눠 주면,

  ➡ 6÷6=1명

6÷2=3처럼 나머지가 0이 될 때 '6은 2로 나누어 떨어진다'고 말하지. 어떤 수를 나머지 없이 나눌 수 있는 수가 바로 '약수'야.

만약에 빵을 4개씩 나눠 주면 2개가 남고, 5개씩 나눠 주면 1개가 남아. 따라서 6은 1, 2, 3, 6으로만 나누어떨어진다는 걸 알 수 있어. 이렇게 6을 나누어떨어지게 하는 1, 2, 3, 6을 6의 약수라고 해. 우리는 생활 속에서 물건을 나눠야 할 때가 많은데, 약수를 알면 얼만큼씩 나눠야 할지 금방 계산할 수 있지.

# 똑같이 늘어나는 수는?

자, 여기 달콤한 초콜릿 알갱이가 박힌 머핀도 준비했어. 머핀 한 개에 초콜릿 알갱이를 5개씩 넣었지. 그렇다면 머핀 9개를 만드는 데 필요한 초콜릿 알갱이는 모두 몇 개일까?

- 머핀 1개를 만드는 데 필요한 초콜릿 알갱이는

➡ $5\times1=5$개

- 머핀 2개를 만드는 데 필요한 초콜릿 알갱이는

➡ $5\times2=10$개

- 머핀 3개를 만드는 데 필요한 초콜릿 알갱이는

➡ $5\times3=15$개

- 머핀 4개를 만드는 데 필요한 초콜릿 알갱이는

➡ $5\times4=20$개

일의 자리 숫자가 0이거나 5인 숫자는 모두 5의 배수가 되는구나!

위와 같이 머핀을 한 개씩 더 만들 때마다 필요한 초콜릿 알갱이의 수는 5를 1배, 2배, 3배, 4배, …한 5, 10, 15, 20, … 개가 돼.

이처럼 5를 1배, 2배, 3배, 4배, …한 5, 10, 15, 20, …을 5의 배수라고 한단다. 배수란 말 그대로 어떤 수의 배가 되는 수를 말하지. 따라서 머핀 9개를 만드는 데 필요한 초콜릿 알갱이의 수는 5의 9배가 되는 수, 즉 $5\times9=45$개야.

# 약수와 배수는 어떤 사이일까?

공준이와 공리가 플라스틱 상자를 재활용해서 책꽂이를 만들려고 하는구나. 똑같은 크기의 상자 8개를 직사각형 모양의 큰 책꽂이로 만들려면 상자를 몇 칸씩 몇 줄로 놓을 수 있을까? 머릿속으로 그림을 그려 보자.

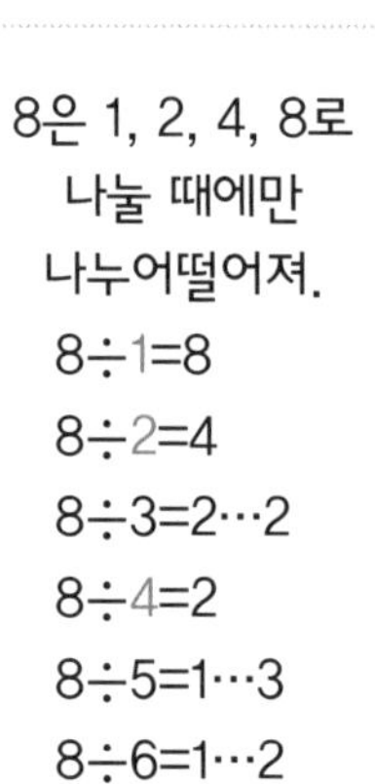


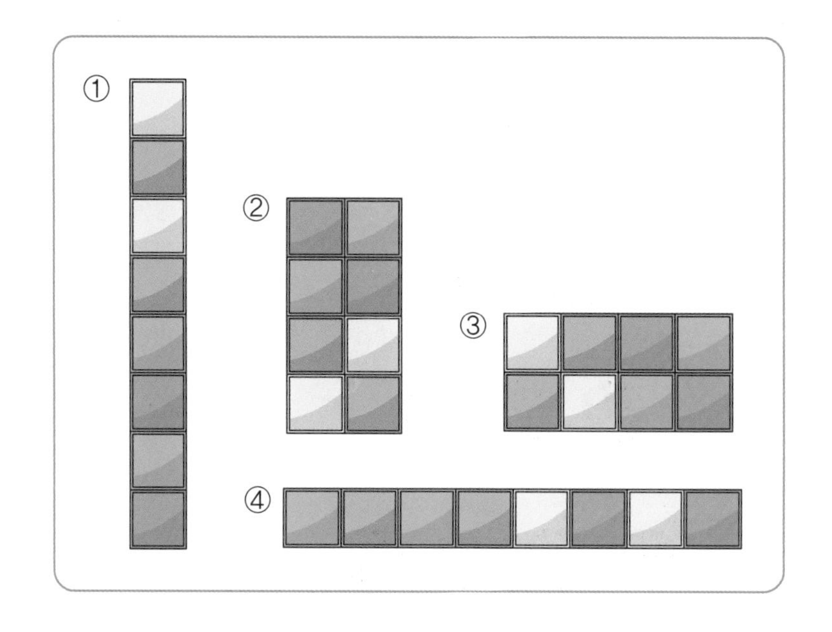


8개의 상자로 책꽂이를 만들 수 있는 방법은 아래와 같이 곱셈식으로 나타낼 수 있어.

| 전체 상자 수 | | 가로줄 상자 수 | | 세로줄 상자 수 |
|---|---|---|---|---|
| 8 | = | 1 | × | 8 |
| | | 2 | | 4 |
| | | 4 | | 2 |
| | | 8 | | 1 |

이때, 곱해서 8이 되는 1, 2, 4, 8은 8을 나누어떨어뜨리므로 8의 약수야. 또한 1, 2, 4, 8은 곱해서 8이 되므로 8은 1, 2, 4, 8의 배수인 셈이지. 앞의 곱셈식 중 하나를 나눗셈식으로 바꾸어 써 보면 약수와 배수가 어떤 사이인지 알 수 있어.

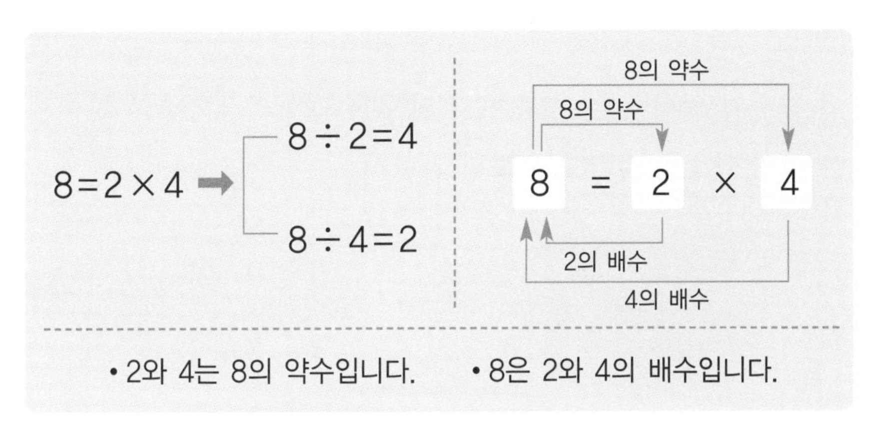


○ = △×□
○은 △와 □의 배수,
△와 □는 ○의 약수!

공리는 아래와 같이 상자 12개로 책꽂이를 만들려고 해. 책꽂이를 만들 수 있는 방법을 곱셈식으로 나타낸 뒤, 약수와 배수의 관계를 정리해 보자.

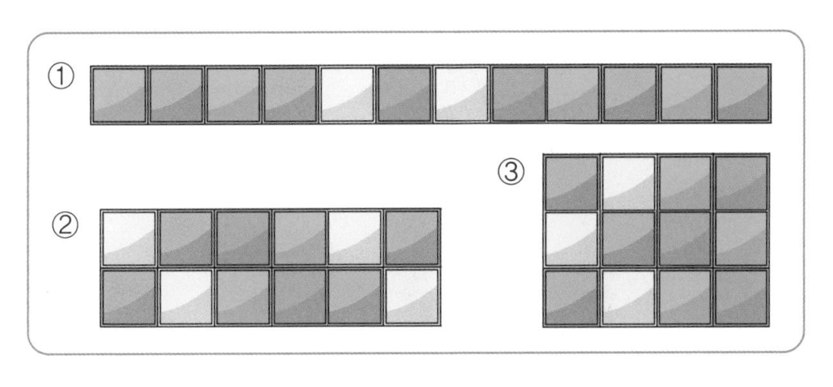


① 12 = 1 × □　② 12 = 2 × □　③ 12 = 3 × □

: 12는 □, □, □, □, □, □ 의 배수야.

: □, □, □, □, □, □ 는 12의 약수야.

## 공약수와 최대공약수

백합 18송이와 장미 12송이를 친구들에게 선물한다고 할 때 몇 명에게 똑같이 줄 수 있을까?

우선 백합과 장미를 각각 친구 몇 명에게 똑같이 나누어 줄 수 있을지 알아보자. 그러기 위해서는 백합의 수 18과 장미의 수 12의 약수를 각각 알아보면 간단해.

| 18의 약수 | 1, | 2, | 3, | 6, | 9, | 18 |
|---|---|---|---|---|---|---|
| 12의 약수 | 1, | 2, | 3, | 4, | 6, | 12 |

그런데 18의 약수도 되고, 12의 약수도 되는 수가 있어. 바로 1, 2, 3, 6이야. 다시 말해, 백합과 장미를 섞어 만든 꽃다발을 1명, 2명, 3명, 6명에게 똑같이 줄 수 있다는 뜻이지.

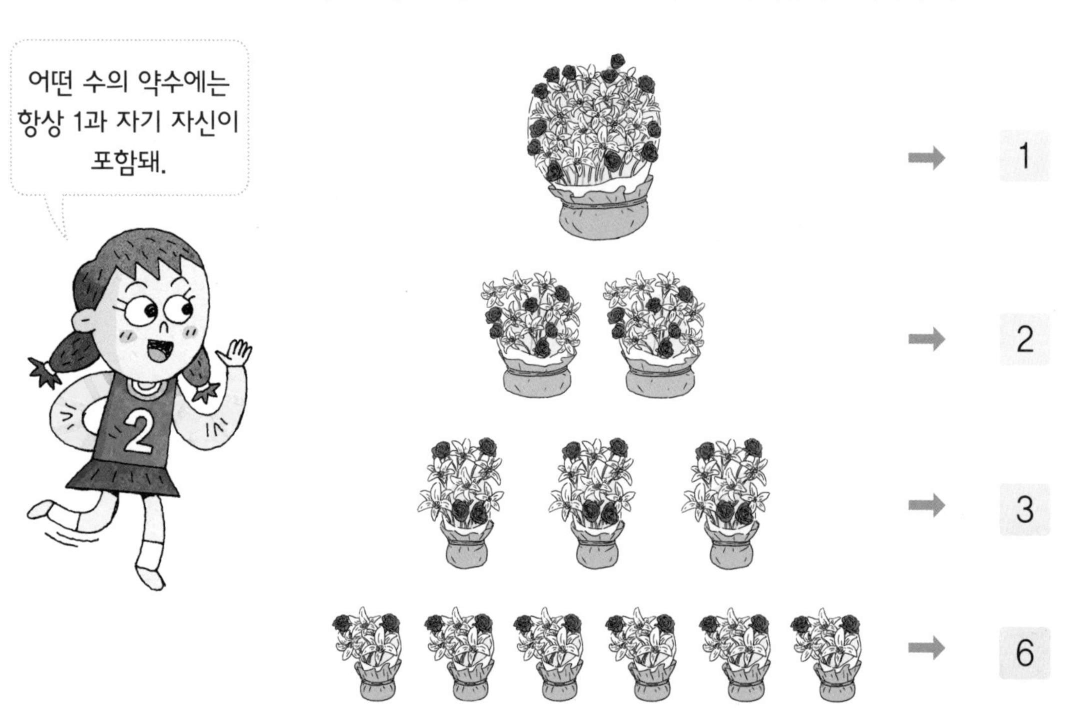

어떤 수의 약수에는 항상 1과 자기 자신이 포함돼.
2
1
2
3
6

여기서 18과 12의 공통인 약수 1, 2, 3, 6을 18과 12의 공약수라고 해. 공약수는 둘 이상의 자연수에 공통되는 약수를 말하지. 그리고 이 공약수 중에서 가장 큰 수 6을 18과 12의 최대공약수라고 한단다.

만약에 백합 24송이와 장미 30송이가 있다면 최대한 몇 명에게 똑같이 꽃다발을 나누어 줄 수 있을까? 우선 24와 30의 약수를 각각 구하고 공약수를 골라낸 다음, 그중 가장 큰 수인 최대공약수를 구하면 돼. 그런데 24와 30의 공약수를 일일이 구하는 건 시간이 많이 걸리겠지? 이번에는 간편하게 최대공약수를 구하는 방법을 알려 줄게.

18과 12의 최대공약수인 6의 약수 1, 2, 3, 6은 결국 18과 12의 공약수인 셈이구나!

①24와 30을 각각 가장 작은 수의 곱으로 나타내고 공통인 부분을 찾아 구한다.

$$24 = 2 \times 2 \times \boxed{2 \times 3}$$

$$30 = \boxed{2 \times 3} \times 5$$

$\boxed{2 \times 3} = 6$ ⬅ 24와 30의 최대공약수

---

②24와 30을 두 수의 공약수로 계속 나눈 다음, 최대공약수가 1뿐인 수가 나오면 두 수의 공약수를 곱한다.

| | | | |
|---|---|---|---|
| 24와 30의 공약수 ⬅ | 2 ) | 24 | 30 |
| 12와 15의 공약수 ⬅ | 3 ) | 12 | 15 |
| | | 4 | 5 ⬅ 4와 5는 최대공약수가 1뿐인 수 |

$\boxed{2} \times \boxed{3} = 6$ ⬅ 24와 30의 최대공약수

최대공약수의 약수를 알면 두 수의 공약수를 쉽게 구할 수 있어. 이 점을 알면 큰 수의 공약수도 쉽게 구할 수 있단다.

## 공배수와 최소공배수

공리, 공준이와 원준이가 다음에 도서관에서 만날 날이 언제인지 어떻게 알 수 있을까? 도서관에 가는 날이 서로 다른데 말이야. 이럴 때에는 앞에서 배운 배수를 이용하면 쉽게 알 수 있어. 원준이가 도서관에 가는 날은 2의 배수로, 공리와 공준이가 도서관에 가는 날은 3의 배수로 따져 보자.

| 원준이가 가는 날 | 2, 4, 6, 8, 10, 12, 14, 16, 18, … |
|---|---|
| 공리와 공준이가 가는 날 | 3, 6, 9, 12, 15, 18, … |

공리, 공준이와 원준이가 도서관에서 만날 날, 즉 2의 배수이면서 3의 배수인 날은 6일, 12일, 18일, …이 되겠구나. 이렇게 2의 배수도 되고 3의 배수도 되는 6, 12, 18, …을 2와 3의 공배수라고 한단다. 공배수는 둘 이상의 자연수에 공통인 배수를 말해.

그리고 공배수 중에 가장 작은 수 6을 최소공배수라고 하지. 최대공약수를 간단하게 구했던 것처럼 최소공배수도 간단하게 구할 수 있는 방법이 있단다.

두 수의 최소공배수를 알면 최소공배수에 1, 2, 3, 4, …를 곱해서 나머지 공배수를 쉽게 구할 수 있어.

① 12와 18을 각각 가장 작은 수의 곱으로 나타내고, 공통인 부분을 찾아 구한 뒤 나머지 수를 모두 곱한다.

$12 = \boxed{2} \times \boxed{2 \times 3}$

$18 = \boxed{2 \times 3} \times \boxed{3}$

$\boxed{2 \times 3} \times \boxed{2} \times \boxed{3} = 36$ ⟸ 12와 18의 최소공배수

---

② 12와 18을 두 수의 공약수로 계속 나눈 다음, 최대공약수가 1뿐인 수가 나오면 두 수의 공약수와 나머지 수를 모두 곱한다.

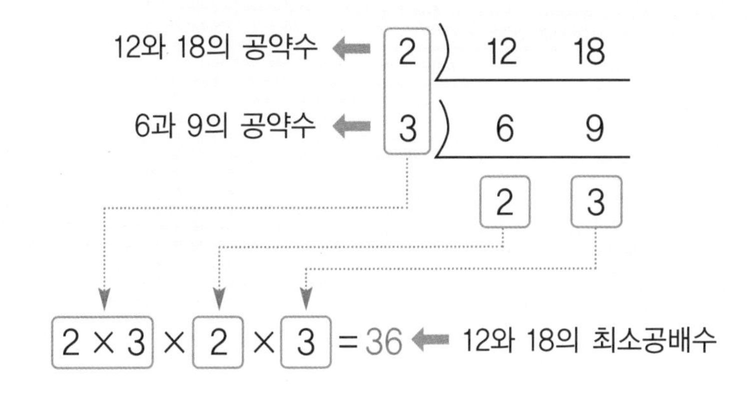


12와 18의 최소공배수인 36의 배수를 구해 보면 36, 72, 108, …로 계속 커진다는 것을 알 수 있어. 그런데 이 36의 배수는 모두 12와 18의 공배수란다. 결국 두 수의 공배수는 최소공배수의 배수가 되는 셈이지.

아래의 문제를 읽고, 빈칸에 알맞은 답을 채워 보자.

**1** 보기 의 식을 보고 빈칸에 들어갈 알맞은 수나 말을 써 보렴.

보기 $15 = 1 \times 15$ $15 = 3 \times 5$

① □, □, □, □ 는 15의 약수입니다.

② 15는 □, □, □, □ 의 배수입니다.

**2** 오른쪽의 빈칸을 채워서 왼쪽의 과제를 해결해 보렴.

9와 12의 최대공약수를 구하라!

① 9의 약수 : 1, □, □

② 12의 약수 : 1, □, □, □, □, □

② 9와 12의 공약수 : □, □

② 9와 12의 최대공약수 : □

28과 42의 최소공배수를 구하라!

①

$$\begin{array}{r|rr} 2 & 28 & 42 \\ \hline \square & 14 & 21 \\ \hline & \square & \square \end{array}$$

② 28과 42의 최소공배수 ➡ 2 × □ × □ × □ = □

열심히 공부하는 너희를 위해 선생님이 직접 만든 케이크를 준비했단다. 케이크를 맛보기 전에 두 가지 문제만 해결해 보자.

서술형

**1** 가로 60cm, 세로 48cm인 직사각형의 고구마 케이크야. 이것을 최대한 크게 잘라서 정사각형의 상자에 하나씩 담으려고 해. 단, 케이크는 남는 부분이 없어야 하고, 자른 정사각형 케이크의 크기는 모두 같아야 해. 가로와 세로가 몇 cm인 정사각형으로 잘라야 할지 말해 보고, 그 과정을 설명해 보렴.

서술형

**2** 이번에는 가로 3cm, 세로 5cm인 직사각형의 티라미수 조각을 모아 가능한 작은 정사각형으로 만들어 정사각형 모양의 상자에 담을 거야. 이 상자에 들어갈 티라미수 조각의 수를 말해 보고, 그 과정을 설명해 보렴.

**핵심 콕콕**

- 60과 48을 모두 나누어떨어지게 하는 수 중에 가장 큰 수를 구해 보렴.
- 가로 3cm, 세로 5cm씩 늘어날 때, 가로와 세로의 길이가 같아지는 길이는 몇 cm인지 알아보자.

# 약분과 통분

## 크기가 똑같다고?

5학년 1반 남학생 12명 중에 3명이 안경을 썼다면, 5학년 1반 남학생 중 안경을 낀 사람은 전체의 얼마인지 분수로 나타낼 수 있겠니?

 : 12명 중에 3명이니까 $\frac{3}{12}$이에요.

 : $\frac{1}{4}$이죠!

그래, 둘 다 맞아. $\frac{3}{12}$과 $\frac{1}{4}$은 서로 같은 수거든. 아래와 같이 색종이 3장을 각각 4, 8, 12조각으로 똑같이 나눈 뒤, $\frac{1}{4}$, $\frac{2}{8}$, $\frac{3}{12}$만큼 색칠해 보자.

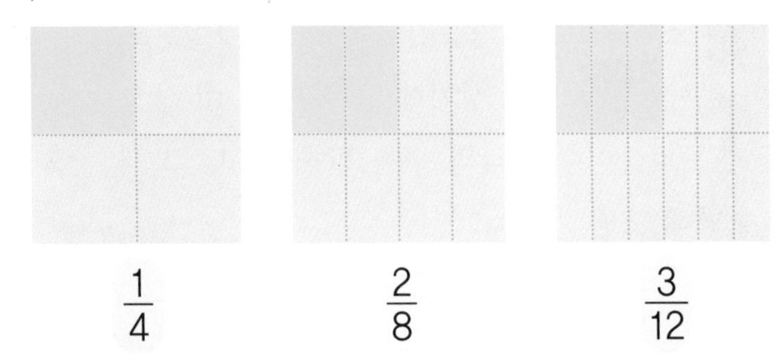


자, 색종이 조각의 수는 각각 다르지만 색칠한 부분의 넓이는 모두 같지? 즉, $\frac{1}{4}$, $\frac{2}{8}$, $\frac{3}{12}$은 생긴 모양이 서로 다르지만 모두 크기가 같은 분수라는 사실을 알 수 있단다.

이번에는 $\frac{1}{4}$, $\frac{2}{8}$, $\frac{3}{12}$의 분자와 분모를 잘 살펴보며 규칙을 찾아볼까?

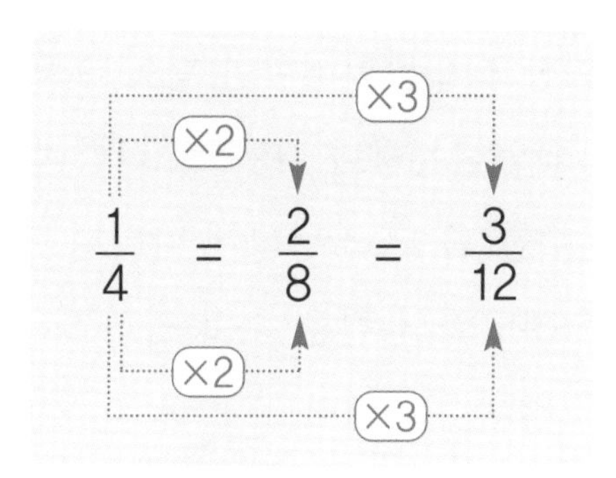


$\frac{1}{4}$의 분자와 분모에 각각 2씩, 3씩 곱하니까 분자와 분모의 숫자가 커지지? 하지만 $\frac{2}{8}$이나 $\frac{3}{12}$은 숫자만 다를 뿐 원래의 크기는 $\frac{1}{4}$로 모두 같단다.

그렇다면 반대로 분수의 분자와 분모를 같은 수로 나누어 볼까?

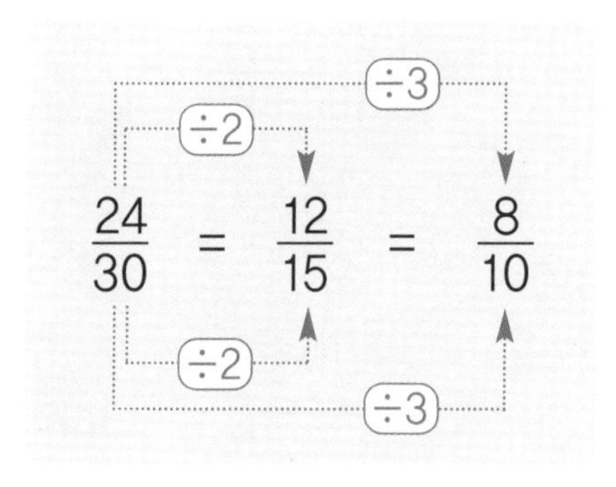


어때, $\frac{24}{30}$의 분자와 분모를 각각 2씩, 3씩으로 나누니까 분자와 분모의 숫자가 작아지는 것을 알 수 있지? 마찬가지로 $\frac{12}{15}$와 $\frac{8}{10}$은 숫자만 다를 뿐 $\frac{24}{30}$와 크기가 같아. 이처럼 어떤 분수의 분자와 분모에 같은 수를 곱하거나 나눈 분수는 숫자만 다를 뿐 모두 크기가 같단다. 이 간단한 규칙만 알면 생긴 모양이 달라도 크기가 같은 분수는 얼마든지 만들 수 있어.

단, 분자와 분모에 0을 곱하거나 나누는 경우는 달라. 어떤 수든지 0을 곱하거나 나누면 모두 0이 되니까 말이야.

# 간단한 분수로 바꾸자!

이번에 전교 회장으로 뽑힌 6학년 형이 전체 학생 462명 중 210명에게 표를 받았다는구나. 분수로 나타내면 $\frac{210}{462}$이 되겠네. 그런데 이 분수를 좀 더 간단하게 나타낼 수는 없을까?

분자와 분모를 0이 아닌 같은 수로 곱하거나 나누어도 분수의 크기는 같다고 했던 것 생각나니? 분자 210과 분모 462를 간단한 수로 나타내려면 같은 수로 나눠야 해.

210과 462를 동시에 나누어떨어지게 하는 수! 바로 두 수의 공약수인 2, 3, 6, 7, … 등으로 나누면 된단다. 210과 462의 최대공약수인 42로 나누면 $\frac{210}{462}$을 가장 간단하게 나타낼 수 있어.

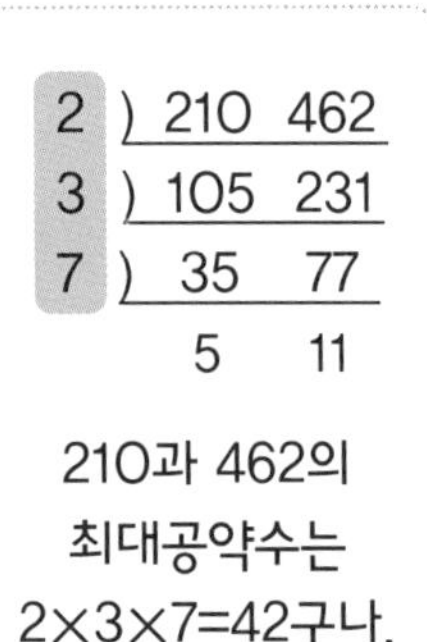

2 ) 210 462
3 ) 105 231
7 ) 35 77
5 11
210과 462의
최대공약수는
2×3×7=42구나.


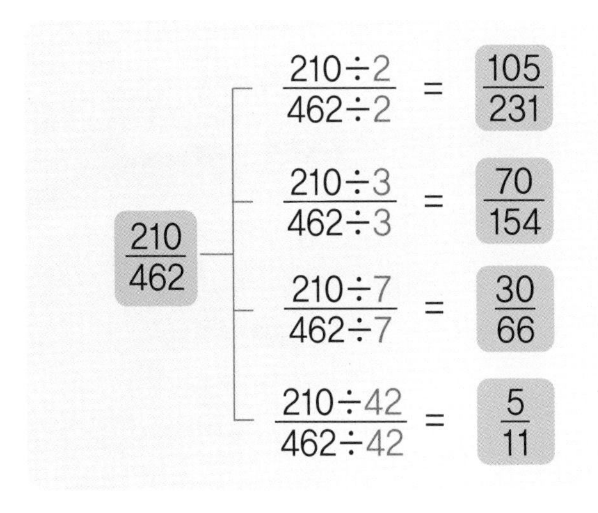

$\frac{210}{462}$
$\frac{210\div2}{462\div2}=\frac{105}{231}$
$\frac{210\div3}{462\div3}=\frac{70}{154}$
$\frac{210\div7}{462\div7}=\frac{30}{66}$
$\frac{210\div42}{462\div42}=\frac{5}{11}$

이렇게 분모와 분자를 그들의 공약수로 나누는 것을 약분한다고 해. 또한 $\frac{5}{11}$처럼 분자와 분모의 공약수가 1뿐이어서 더 이상 약분이 되지 않는 분수를 기약분수라고 한단다.

## 어느 쪽이 더 잘했을까?

오늘 수학 시간에 공준이는 12개의 퀴즈 중 7개를 맞혔어. 그리고 국어 시간에는 8개의 퀴즈 중 5개를 맞혔지. 과연 공준이는 수학과 국어 중 어떤 과목의 퀴즈를 더 많이 맞혔을까?

일단 수학 시간에 맞힌 퀴즈의 수는 $\frac{7}{12}$로, 국어 시간에 맞힌 퀴즈의 수는 $\frac{5}{8}$처럼 분수로 나타낼 수 있어. 하지만 두 분수가 달라 비교하기 어렵지? $\frac{7}{12}$과 $\frac{5}{8}$ 중에 어느 것이 더 큰지 알아보기 위해 각각의 분수를 그림으로 나타내 보자.

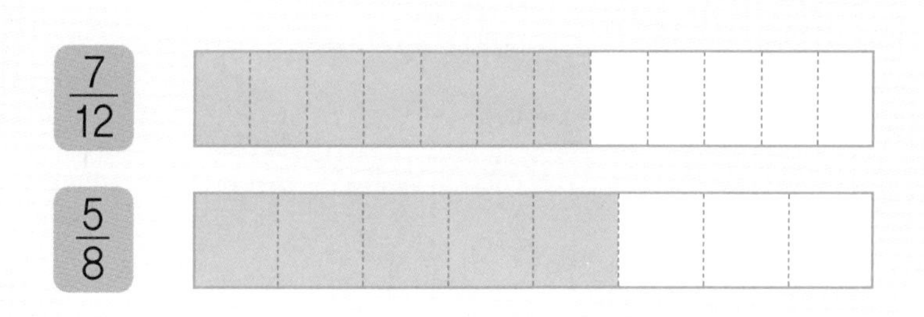


그림으로 비교해 보니까 $\frac{7}{12}$보다 $\frac{5}{8}$가 더 크네. 따라서 공준이는 수학보다 국어 과목의 퀴즈를 더 많이 맞혔다고 할 수 있겠구나.

이렇게 서로 다른 분수를 그림으로 그려 보니까 훨씬 쉽지? 그런데 분수의 크기를 비교할 때마다 그림을 그린다면 굉장히 불편할 거야.

이런 경우, 분모가 서로 다른 분수의 크기를 비교하는 편리한 방법이 있어. 바로 앞에서 배운 개념들을 이용하면 된단다. 자, 선생님과 함께 차근차근 자세히 살펴보자.

아래와 같이 $\frac{7}{12}$, $\frac{5}{8}$와 크기가 같은 분수를 각각 만들어 보자.

$$\frac{7}{12} = \boxed{\frac{14}{24}} = \frac{21}{36} = \boxed{\frac{28}{48}} = \frac{35}{60} = \frac{42}{72} = \cdots$$

$$\frac{5}{8} = \frac{10}{16} = \boxed{\frac{15}{24}} = \frac{20}{32} = \frac{25}{40} = \boxed{\frac{30}{48}} = \cdots$$

$\frac{7}{12}$과 $\frac{5}{8}$에 각각 2씩, 3씩, 4씩, …을 곱했더니 크기가 서로 같은 여러 분수가 나오네. 그중에서 분모가 같은 분수를 한번 찾아볼까? 바로 $\frac{14}{24}$와 $\frac{15}{24}$, $\frac{28}{48}$과 $\frac{30}{48}$이야. 이들을 비교해 보니까 $\frac{5}{8}$가 $\frac{7}{12}$보다 더 크다는 것을 알 수 있어. 이처럼 다른 두 분수의 크기를 비교할 때에는 분수의 분모를 같게 하여 비교하면 되는데, 이때 분모의 크기를 같게 만드는 것을 통분한다고 해. 그리고 24나 48과 같이 통분한 분모를 공통분모라고 한단다.

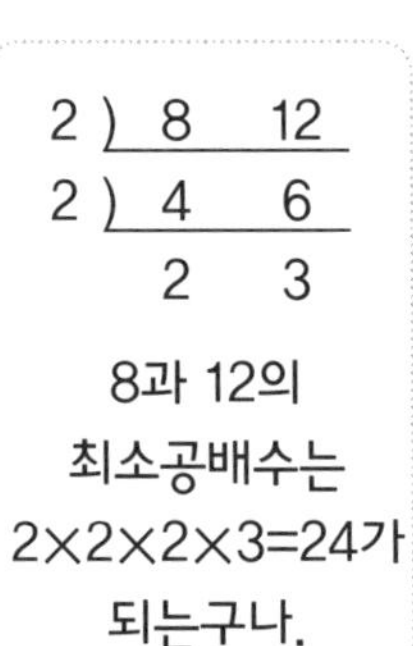

2 ) 8 12
2 ) 4 6
2 3
8과 12의
최소공배수는
2×2×2×3=24가
되는구나.


분모가 다른 두 분수를 통분하려면 두 분모의 공배수를 찾아야 해. 두 분모의 공배수를 찾으면 그중 가장 작은 배수, 즉 최소공배수를 공통분모로 정하면 된단다. 최소공배수를 이용해 분모를 통분하고, 분자에도 같은 수를 곱하면 끝! 어때, 간단하지?

• 최소공배수로 통분하여 비교하기

$$\frac{7}{12}, \frac{5}{8} \rightarrow \frac{7\times2}{12\times2}, \frac{5\times3}{8\times3} \rightarrow \frac{14}{24} < \frac{15}{24}$$

최소공배수를 구하지 않고 그냥 두 분모끼리 곱해서 통분을 할 수도 있어. $\frac{7}{12}$과 $\frac{5}{8}$를 예로 들면 다음과 같아.

$$\frac{7}{12} = \frac{7\times8}{12\times8} = \frac{56}{96}$$
$$\frac{5}{8} = \frac{5\times12}{8\times12} = \frac{60}{96}$$

이렇게 하면 분자와 분모가 커지긴 하지만 최소공배수를 따로 구하지 않고 쉽게 분수의 크기를 비교할 수 있단다.

지금까지 배운 걸 이용하면 여러 개의 분수도 쉽게 비교할 수 있어. 세 분수 $\frac{1}{2}$, $\frac{2}{3}$, $\frac{4}{9}$의 크기를 여러 가지 방법으로 비교해 볼까?

세 분수를 통분할 때에도 세 분모의 최소공배수를 이용하면 매우 간편해.


• 두 분수씩 나눠서 비교하기

$\frac{1}{2}, \frac{2}{3} \rightarrow \frac{1\times3}{2\times3}, \frac{2\times2}{3\times2} \rightarrow \frac{3}{6} < \frac{4}{6} = \frac{1}{2} < \frac{2}{3}$

$\frac{1}{2}, \frac{4}{9} \rightarrow \frac{1\times9}{2\times9}, \frac{4\times2}{9\times2} \rightarrow \frac{9}{18} > \frac{8}{18} = \frac{1}{2} > \frac{4}{9}$

$\therefore \frac{2}{3} > \frac{1}{2} > \frac{4}{9}$

• 세 분수를 한꺼번에 통분해서 비교하기

$\frac{1}{2}, \frac{2}{3}, \frac{4}{9} \rightarrow \frac{1\times9}{2\times9}, \frac{2\times6}{3\times6}, \frac{4\times2}{9\times2} \rightarrow \frac{9}{18}, \frac{12}{18}, \frac{8}{18}$

$\therefore \frac{2}{3} > \frac{1}{2} > \frac{4}{9}$

숫자 카드를 가지고 몇 가지 놀이를 해 보자.

서술형

**1** 8장의 카드 중에서 마음에 드는 카드 2장을 골라 기약분수를 만들어 보고, 그 이유를 설명해 보렴.

2 3 5 7 11 13 17 19

**2** 카드를 바꿔서 아래 8장의 카드 중 2장을 골라 공리와 원준이가 진분수를 만들었어. 각각 만든 분수 중에 기약분수가 아닌 것을 찾아 약분해 보자.

2 3 4 7 9 10 12 15

 : $\frac{2}{10}$, $\frac{4}{9}$, $\frac{7}{15}$

 : $\frac{3}{4}$, $\frac{2}{7}$, $\frac{9}{15}$

서술형

**3** ❷에 제시된 8장의 카드로 **보기** 에 맞는 분수를 만들어 보고, 그 과정을 설명해 보렴.

**보기**

- 카드는 한 번씩만 사용한다.
- 4개의 기약분수를 만든다.
- 분수는 모두 진분수여야 한다.

**4** 공준이와 공리는 ❷에 제시된 8장의 카드 중 2장을 뽑아 더 큰 분수를 만든 사람이 이기는 놀이를 했어. 아래의 표를 보고 각 회마다 이긴 사람을 찾아보렴.

| | 1회 | 2회 | 3회 |
|---|---|---|---|
| 공준 | $\frac{4}{9}$ | $\frac{2}{10}$ | $\frac{5}{7}$ |
| 공리 | $\frac{7}{12}$ | $\frac{2}{3}$ | $\frac{4}{15}$ |
| 이긴 사람 | | | |

# 약수의 합에 숨은 비밀

모든 자연수의 약수의 합은 항상 자기 자신보다 크단다. 정말 그런지 볼까?

- 4의 약수 : 1, 2, 4
- 4의 약수의 합 : $1+2+4=7$

➡ $4 < 7$

다른 수도 마찬가지야. 약수에는 항상 자기 자신과 1이 포함되기 때문이지. 그렇다면 자기 자신을 뺀 나머지 약수의 합은 어떨까? 지금부터 약수의 합에 숨은 비밀에 대해 알아볼 거야. 이 비밀은 무려 2600여년 전 고대 그리스의 피타고라스학파 사람들이 수의 여러 가지 성질에 대해 연구하면서 밝혀낸 것이란다.

8의 약수는 1, 2, 4, 8이야. 이 약수들 중에서 자기 자신인 8을 뺀 나머지 약수 1, 2, 4를 '진약수' 라고 해. 이 진약수를 모두 더하면 1+2+4=7이 되고, 자기 자신인 8보다 작지. 이렇게 진약수의 합이 원래 수보다 작은 수를 피타고라스학파 사람들은 '부족수' 라고 불렀어.

그러면 모든 자연수는 진약수의 합이 항상 자기 자신보다 작을까? 그건 아니란다. 12의 약수는 1, 2, 3, 4, 6, 12이고 진약수 1, 2, 3, 4, 6을 더하면 1+2+3+4+6=16이니까 12보다 크잖아? 이렇게 진약수의 합이 원래 수보다 큰 수는 '과잉수' 라고 불렀어.

그렇다면 진약수의 합이 자기 자신과 같은 수는 없을까? 6의 진약수를 구해서 더해 보자. 6의 진약수는 1, 2, 3이고 진약수의 합은 1+2+3=6이야. 이렇게 진약수의 합이 자신과 같은 수는 부족하지도, 넘치지도 않는다고 해서 '완전수' 라고 불렀어.

6 말고도 완전수가 되는 자연수는 어떤 것이 있을까? 사실, 완전수는 부족수나 과잉수에 비해서 매우 드물게 나타난단다. 100이하의 자연수에서 완전수는 딱 두 개밖에 없어. 그리고 6번째 완전수는 무려 10억자리 수(8,589,869,056)라고 해.

자, 다음에 제시된 수는 부족수, 과잉수, 완전수 중에 무엇인지 찾아서 써 보렴. 덧셈을 할 때에는 계산기를 사용해도 좋아.

| 10 | |
|---|---|
| 진약수 | |
| 진약수의 합 | |

| 24 | |
|---|---|
| 진약수 | |
| 진약수의 합 | |

| 28 | |
|---|---|
| 진약수 | |
| 진약수의 합 | |

| 220 | |
|---|---|
| 진약수 | |
| 진약수의 합 | |

| 284 | |
|---|---|
| 진약수 | |
| 진약수의 합 | |

220과 284의 진약수를 더해 보면
신기한 사실을 알 수 있어. 220의
진약수를 더하면 284, 284의 진약수를
더하면 220이 되지. 이런 수를 정말 친한 관계라고
해서 '친화수, 친구수, 우애수' 등으로 부른단다.

날짜 20☆♡년 ♧월 △일 날씨 맑음

제목 십간과 십이지

드디어 임진년, 갑자년 등과 같이 연도를 나타내는 말의 비밀을 알게 되었다. '십간'이라는 순서를 나타내는 10가지 말과, '십이지'라는 동물을 나타내는 12가지 말을 하나씩 짝지어 그 해의 이름을 짓는다는 것을 말이다. 또, 올해가 갑자년이라면 다음번 갑자년이 오기까지는 60년이 걸린다는 사실도 알았다. 60은 10과 12의 최소공배수이기 때문이다. 그래서 환갑잔치도 태어난 해가 60년 후에 다시 돌아오는 61세에 하는 것이었구나. 역시 아는 만큼 보인다니까!

십간(十干)은 갑(甲), 을(乙), 병(丙), 정(丁), 무(戊), 기(己), 경(庚), 신(辛), 임(壬), 계(癸)이고, 십이지(十二支)에 나오는 동물로 띠가 정해져. 십간은 10년마다 반복되니까 일의 자리가 4인 해는 '갑' 자가 들어가고, 5인 해는 '을' 자가 들어간단다. 2014년은 일의 자리가 4이고 말띠 해니까 '갑오년'이 되는 거야.

5학년 1학기 분수의 덧셈과 뺄셈
분수의 곱셈
5학년 2학기 분수의 나눗셈
소수의 곱셈
소수의 나눗셈
분수와 소수의 계산

약분과 통분, 최소공배수와 최대공약수에 대해 알았으니 분수의 계산법을 빨리 알려 주세요!
공리야, 넌 뭐가 그렇게 급하니? 좀 쉬엄쉬엄 하자~
5/6 + 3/6

하하, 우선 그림을 그려 보면서 어떻게 분수의 계산이 이루어지는지 알아보자.
$3\frac{4}{5}-1\frac{3}{10}=(3-1)+\left(\frac{4}{5}-\frac{3}{10}\right)=$
$2+\left(\frac{8}{10}-\frac{3}{10}\right)=2+\frac{5}{10}=2\frac{1}{2}$
7-4 / 8

# 남은 빵은 어디에?

하나는 방에 가져가서 먹어야지. 나머지 하나는 공리가 먹겠지?

우아, 빵이다! 원준아, 나눠 먹자.
좋아

여기 있던 빵, 다 먹었어?
응. 나랑 원준이랑 $\frac{1}{2}$씩 먹었어.

그럼 $\frac{1}{2}$이 남아 있어야지!
엥? 둘이 반씩 나눠 먹었는데, 어떻게 남아?

잘 봐. 네가 먹은 $\frac{1}{2}$에 원준이가 먹은 $\frac{1}{2}$을 더하면 $\frac{2}{4}$이니까, $\frac{1}{2}$이 남아야 맞지!
$\frac{1}{2}+\frac{1}{2}=\frac{1+1}{2+2}=\frac{2}{4}=\frac{1}{2}$

공…공리야, 뭔가 이상하지 않니?
오빠의 억지에 넘어가지 말고 찬찬히 계산해 보자.

개구쟁이 공준이가 또 장난을 쳤구나. $\frac{1}{2}$에 $\frac{1}{2}$을 더하니 $\frac{2}{4}$가 되고, 약분하면 다시 $\frac{1}{2}$이니까 빵이 절반은 남아 있어야 한다고 말이야. 그럴듯하지만 뭔가 이상하다고? 그래, 맞아. 공준이가 말한 분수의 덧셈은 잘못된 계산이란다. 이번 시간에 선생님과 함께 분수의 덧셈과 뺄셈을 공부하면 공준이의 계산이 왜 잘못되었는지 바로 알 수 있을 거야.

분수의 덧셈과 뺄셈을 배우고 나면, 분수의 곱셈과 나눗셈도 공부해 보자. 분수의 덧셈, 뺄셈, 곱셈, 나눗셈에 익숙해지면 소수의 계산 방법도 쉽게 익힐 수 있거든. 자연수, 분수, 소수…. 너무 복잡하다고? 걱정 마. 원리만 잘 이해하면 아무리 복잡한 수의 계산도 거뜬히 해결할 수 있단다.

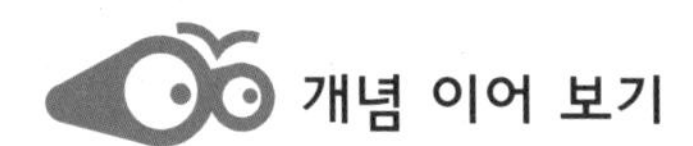

### 개념 이어 보기

| 앞에서 배운 개념 | 이번에 배울 개념 | 뒤에서 배울 개념 |
|---|---|---|
| • 약분과 통분<br>• 소수의 덧셈과 뺄셈 | • 분수의 덧셈과 뺄셈<br>• 분수의 곱셈<br>• 소수의 곱셈 | • 분수의 나눗셈<br>• 소수의 나눗셈 |

5학년 1학기
분수의 덧셈과 뺄셈

# 분수의 덧셈 · 뺄셈

## 못 말리는 개구쟁이

하라는 공부는 절대 하기 싫어하고, 하지 말라는 장난만 열심히 치는 개구쟁이 소년이 있었어. 소년은 숙제도 하지 않고 부모님 몰래 밖으로 놀러 다니며 말썽을 피웠지.

그러던 어느 날, 소년은 벌로 울타리에 페인트를 칠하는 일을 맡았는데, 구경하러 온 친구들 앞에서 한 가지 꾀를 생각해 냈어. 울타리를 칠하는 일이 아주 재미있는 일인 것처럼 이야기한 거지. 이를 본 친구들은 너도나도 울타리를 칠하겠다고 나섰대. 이 개구쟁이 소년이 바로 소설 《톰 소여의 모험》에 나오는 주인공 톰이란다.

# 분수의 덧셈

만약 톰이 울타리의 $\frac{1}{4}$을 칠하고, 톰의 친구가 $\frac{1}{3}$을 칠했다면, 두 사람이 칠한 부분은 전체의 몇 분의 몇일까?

두 사람이 칠한 부분의 합을 구해야 하니까 $\frac{1}{4}$과 $\frac{1}{3}$을 더하면 돼. 그런데 $\frac{1}{4}$과 $\frac{1}{3}$의 분모가 각각 다르지? 앞에서 배운 대로 두 분수의 분모를 통분해 보자.

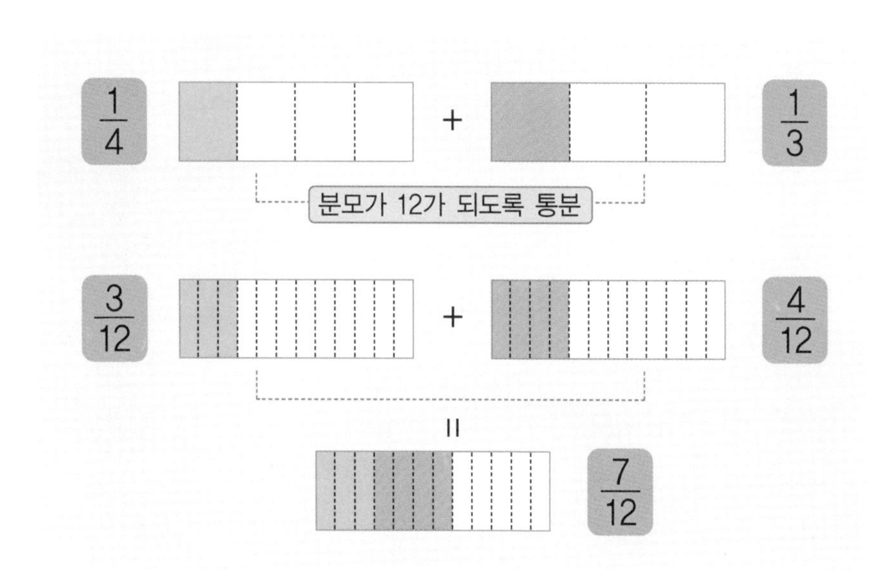

1/4
+
1/3
분모가 12가 되도록 통분
3/12
+
4/12
=
7/12

4와 3의
최소공배수는 12.
4와 3의 공통분모는
바로 12야!

분모를 12로 통분했더니 $\frac{1}{4}$은 $\frac{3}{12}$이, $\frac{1}{3}$은 $\frac{4}{12}$가 되었어. 이제 분모가 같아졌으니 더할 수 있겠지? 답은 바로 $\frac{7}{12}$이야.

그림을 보고 원리를 이해했다면, 이번에는 분수만 놓고 계산을 해 보자.

$$\frac{1}{4}+\frac{1}{3}=\frac{1\times3}{4\times3}+\frac{1\times4}{3\times4}=\frac{3}{12}+\frac{4}{12}=\frac{3+4}{12}=\frac{7}{12}$$

이번에는 진분수가 아닌 대분수의 덧셈에 대해서 알아보자. 대분수의 덧셈은 크게 두 가지 방법이 있어.

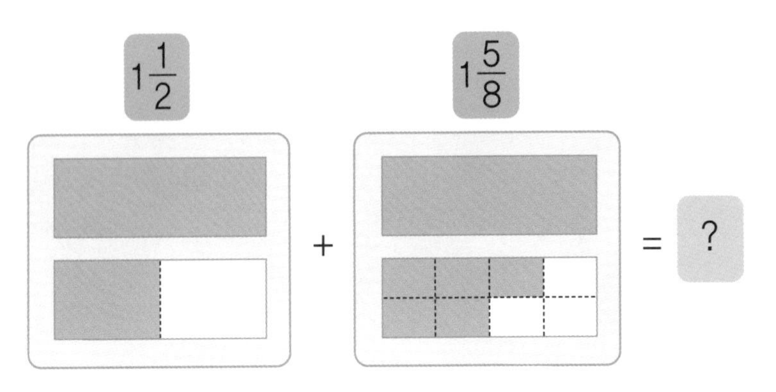


첫째, 자연수는 자연수끼리 더하고 진분수는 진분수끼리 더하면 돼.

분수를 더한 값이 가분수가 되면 대분수로 고쳐야 하는구나!

$$1\frac{1}{2}+1\frac{5}{8}=(1+1)+\left(\frac{1}{2}+\frac{5}{8}\right)=2+\left(\frac{4}{8}+\frac{5}{8}\right)$$

자연수 / 진분수 / 통분

$$=2+\frac{9}{8}=2+1\frac{1}{8}=3\frac{1}{8}$$

대분수로 고치기

둘째, 처음부터 대분수를 가분수로 고친 다음 더하는 방법도 있단다.

$$1\frac{1}{2}+1\frac{5}{8}=\frac{3}{2}+\frac{13}{8}=\frac{12}{8}+\frac{13}{8}=\frac{12+13}{8}=\frac{25}{8}=3\frac{1}{8}$$

가분수로 고치기 / 통분

어렵지 않지? 어떤 방법으로 계산하든지 분모가 다른 분수를 계산할 때에는 통분이 필요하다는 사실을 꼭 기억해 두렴.

## 분수의 뺄셈

아까 톰이 울타리의 $\frac{1}{4}$을 칠하고 톰의 친구가 $\frac{1}{3}$을 칠했다고 했지? 그럼 누가 얼마나 더 많이 칠한 걸까? 두 사람이 칠한 부분의 차를 구해야 하니까 $\frac{1}{4}$과 $\frac{1}{3}$을 빼면 돼. 그런데 $\frac{1}{4}$과 $\frac{1}{3}$ 중에 어떤 분수가 더 큰지 알 수 없으니 먼저 두 분수를 통분하여 크기를 비교해 보자.

공통분모를
구하려면 두 분모의
최소공배수를
구하거나 분모끼리
곱하면 돼!

$\frac{1}{4} = \frac{3}{12}$

$\frac{1}{3} = \frac{4}{12}$

두 분수의 크기를 비교해 보니 $\frac{1}{4}$보다 $\frac{1}{3}$이 더 크네. 그러면 이제 $\frac{1}{3}$에서 $\frac{1}{4}$을 빼 볼까? 분수의 뺄셈도 덧셈과 같은 순서와 방법으로 하면 돼.

$$\frac{1}{3} - \frac{1}{4} = \frac{1\times4}{3\times4} - \frac{1\times3}{4\times3} = \frac{4}{12} - \frac{3}{12} = \frac{4-3}{12} = \frac{1}{12}$$

계산해 보니 톰의 친구가 톰보다 $\frac{1}{12}$만큼 더 많이 울타리를 칠했구나. 이처럼 분수의 뺄셈을 할 때에는 두 분수를 통분하여 크기를 비교해 본 다음, 큰 분수에서 작은 분수를 빼면 된단다.

자, 이제 대분수의 뺄셈을 해 보자. 덧셈을 할 때와 마찬가지로 자연수는 자연수끼리, 진분수는 진분수끼리 계산하면 돼.

$$3\frac{4}{5}-1\frac{3}{10}=(3-1)+\left(\frac{4}{5}-\frac{3}{10}\right)=2+\left(\frac{8}{10}-\frac{3}{10}\right)$$

자연수 · 진분수 · 통분

$$=2+\frac{5}{10}=2\frac{1}{2}$$

약분

그런데 $3\frac{2}{9}-1\frac{5}{6}$와 같이 진분수끼리 뺄 수 없는 경우가 있어. 이럴 때에는 아래와 같은 방법으로 계산하면 된단다.

분수의 자연수 부분에서 1을 받아내린다는 건,

$$3\frac{2}{9}=2+1+\frac{2}{9}=2+\frac{9}{9}+\frac{2}{9}=3\frac{11}{9}$$

처럼 나타낸다는 거야.

$$3\frac{2}{9}-1\frac{5}{6}$$

① 가분수로 고친 후 통분해서 계산한다.

$$3\frac{2}{9}-1\frac{5}{6}=\frac{29}{9}-\frac{11}{6}=\frac{58}{18}-\frac{33}{18}=\frac{25}{18}=1\frac{7}{18}$$

가분수로 고치기 · 통분 · 대분수로 고치기

② 자연수 부분에서 1을 받아내림해서 계산한다.

자연수 부분에서 받아내림

$$3\frac{2}{9}-1\frac{5}{6}=3\frac{4}{18}-1\frac{15}{18}=2\frac{22}{18}-1\frac{15}{18}$$

통분

$$=(2-1)+\left(\frac{22}{18}-\frac{15}{18}\right)=1\frac{7}{18}$$

## 공리가 직접 만든 문제

우리 공리, 이제 공준이 오빠의 억지 계산에 헷갈릴 일은 없겠지? 이번에는 공리가 공준이에게 낼 문제를 하나 만들었대.

> 주스 $\frac{4}{5}l$가 있었는데, 공리와 원준이가
> 각각 $\frac{1}{4}l$, $\frac{3}{10}l$를 마시고 나머지는
> 공준 오빠 몫으로 남겨 놓았다.
> 남은 주스는 과연 몇 $l$일까?

자, 그럼 이 문제를 공준이가 어떻게 풀었는지 살펴볼까?

$$\frac{4}{5}-\frac{1}{4}-\frac{3}{10}=\left(\frac{16}{20}-\frac{5}{20}\right)-\frac{3}{10}$$
$$=\frac{11}{20}-\frac{6}{20}=\frac{\cancel{5}}{\cancel{20}}=\frac{1}{4}$$

세 분수를 계산하기 위해 앞의 두 분수를 먼저 계산한 다음, 나머지 분수를 계산했구나. 공준이가 식도 잘 세우고 문제도 아주 잘 풀었다. 그런데 이런 방법도 있어.

$$\frac{4}{5}-\frac{1}{4}-\frac{3}{10}=\frac{4\times4}{20}-\frac{1\times5}{20}-\frac{3\times2}{20}$$
$$=\frac{16-5-6}{20}=\frac{\cancel{5}}{\cancel{20}}=\frac{1}{4}$$

바로 세 분수를 한꺼번에 통분해서 계산하는 거지. 세 분수의 공통분모를 구하기 쉬울 때는 이 방법을 쓰렴.

수천 년 전, 이집트 사람들이 종이 대신 사용한 파피루스에는 분자가 1인 단위분수를 계산한 기록이 남아 있대. 예를 들어 고깃덩어리 2개를 3명이 나눠 먹을 때, 우선 $\frac{1}{2}$덩어리씩 나누고 남은 고기는 다시 셋으로 나눴다고 말이야.

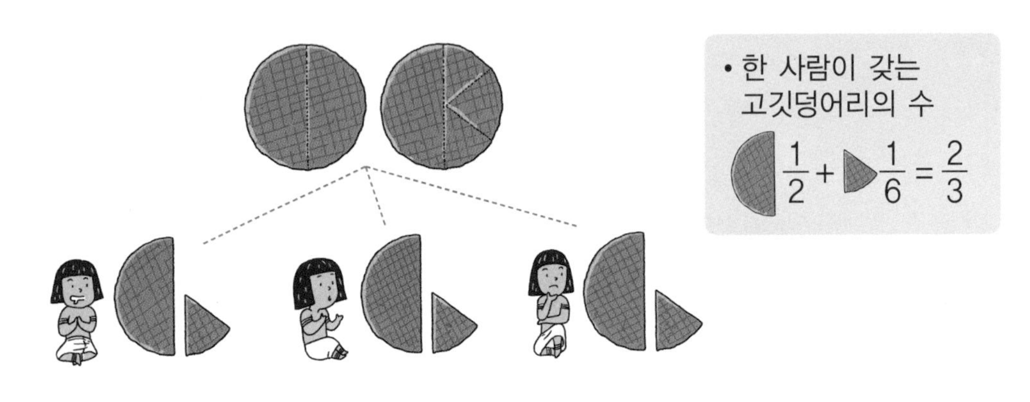

• 한 사람이 갖는 고깃덩어리의 수
$\frac{1}{2}+\frac{1}{6}=\frac{2}{3}$


**1** $\frac{1}{2}+\frac{1}{6}=\frac{2}{3}$와 같이 $\frac{3}{5}$을 서로 다른 단위분수의 합으로 나타낼 때, 빈칸에 알맞은 수를 써 넣어 보렴.

① $\frac{3}{5}=\frac{\square}{10}=\frac{\square+5}{10}=\frac{\square}{10}+\frac{5}{10}=\frac{\square}{10}+\frac{1}{\square}$

② $\frac{3}{5}=\frac{1}{5}+\frac{\square}{5}=\frac{1}{5}+\frac{\square}{15}=\frac{1}{5}+\frac{1}{15}+\frac{\square}{15}=\frac{1}{5}+\frac{1}{15}+\frac{1}{\square}$

**2** 다음 분수는 어떤 단위분수의 합으로 나타낼 수 있는지 써 보자.

① $\frac{3}{8}$

① $\frac{5}{6}$

원준이네 가족은 주말에 둘레길을 갔어. 집에서 둘레길 입구까지 버스로 15분이 걸렸고, 입구에서 내려 둘레길을 걷다가 중간에 6분을 쉬었지. 집에 돌아올 때는 $\frac{2}{5}$시간이 걸렸어. 원준이네 가족이 집에서 출발한 지 $2\frac{3}{5}$시간 만에 집에 돌아왔다면 둘레길을 걸은 시간은 총 몇 시간일까?

1 1시간은 60분이야. 그럼 15분, 6분을 시간으로 나타내면 몇 시간이 될지 분수로 나타내 보자.

• 15분 = $\frac{\square}{60}$ = $\frac{\square}{\square}$ 시간 • 6분 = $\frac{\square}{60}$ = $\frac{\square}{\square}$ 시간

2 원준이네 가족이 둘레길을 걸은 시간은 총 몇 시간인지 구해 보렴.

# 분수의 곱셈

## 자연수와 분수의 곱은?

맛있는 초코 브라우니를 네 접시에 3조각씩 담으려고 해. 만약 선생님, 공리, 공준이, 원준이가 각각 3조각씩 먹는다면, 넷이 먹은 브라우니는 모두 얼마가 될까?

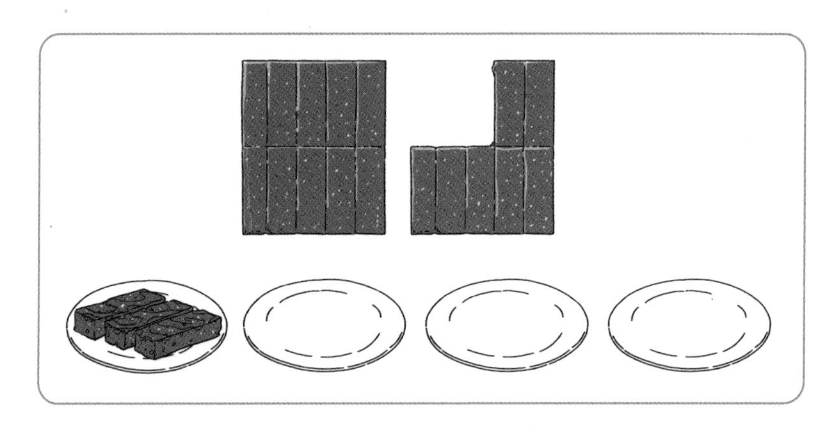

(분수)×(자연수)의 계산은 분자와 자연수를 곱하면 돼.

$\frac{□}{△} \times ☆ = \frac{□\times☆}{△}$

초코 브라우니 1조각은 전체의 $\frac{1}{10}$이니까, 3조각은 $\frac{3}{10}$이야. 이것을 모두 더하면 $\frac{3}{10}+\frac{3}{10}+\frac{3}{10}+\frac{3}{10}$은 $\frac{12}{10}$, 즉 $1\frac{1}{5}$이 되지. 하지만 이런 경우에는 하나씩 더하는 것보다 곱셈을 이용하면 계산이 간편하단다.

$$\frac{3}{10}+\frac{3}{10}+\frac{3}{10}+\frac{3}{10}=\frac{3}{10}\times4=\frac{3\times4}{10}$$
$$=\frac{12}{10}=1\frac{2}{10}=1\frac{1}{5}$$

'분수의 덧셈' 에서 나온 소설 속 톰의 이야기로 다시 돌아가 보자. 톰과 친구들이 페인트칠을 한 울타리가 가로 30m, 세로 $3\frac{2}{5}$m라면 울타리의 전체 넓이는 얼마나 될까?

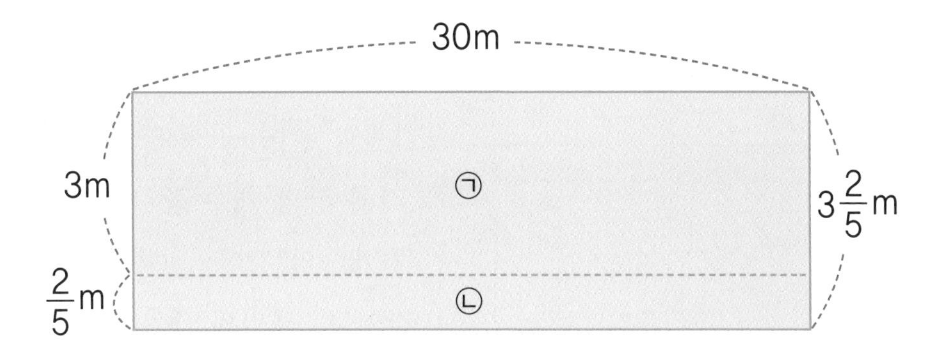


직사각형의 넓이는 (가로의 길이)×(세로의 길이)로 구하면 되니까, 울타리의 전체 넓이는 $30\times3\frac{2}{5}$로 계산하면 돼.

그런데 $30\times3\frac{2}{5}$를 바로 계산하기 어렵다면, $3\frac{2}{5}$를 $3+\frac{2}{5}$로 바꾼 다음에 $(30\times3)+\left(30\times\frac{2}{5}\right)$로 계산을 해도 된단다.

분수와 자연수를
곱할 때 분수가
대분수라면, 대분수를
(자연수+진분수)
또는 가분수로 고쳐서
계산하면 돼.

$$30\times3\frac{2}{5}$$

① 대분수를 (자연수+진분수)로 고쳐서 계산하기

$$30\times3\frac{2}{5}=30\times\left(3+\frac{2}{5}\right)=\underset{㉠}{(30\times3)}+\underset{㉡}{\left(\cancel{30}\times\frac{2}{\cancel{5}}\right)}$$

$$=90+12=102\text{m}^2$$

② 대분수를 가분수로 고쳐서 계산하기

$$30\times3\frac{2}{5}=\cancel{30}\times\frac{17}{\cancel{5}}=6\times17=102\text{m}^2$$

# 분모끼리, 분자끼리!

앞서 살펴본 (자연수×분수)의 경우가 아닌, $\frac{7}{8}\times\frac{3}{5}$처럼 (분수×분수)인 경우는 어떻게 계산해야 할까? 계산의 원리를 이해하기 위해 두 분수의 곱을 그림으로 나타내어 보자.

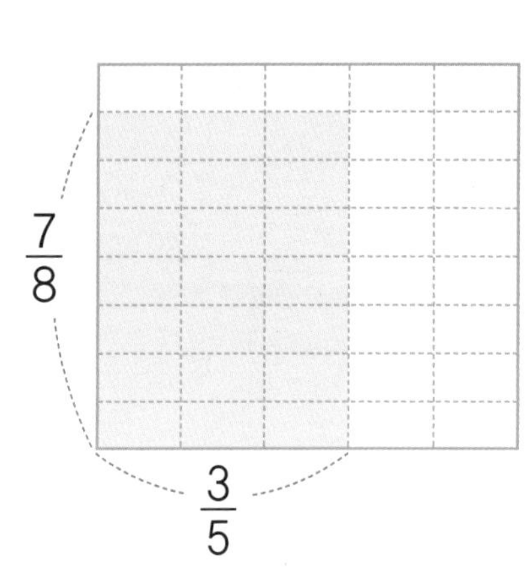


그림과 같이 $\frac{7}{8}$과 $\frac{3}{5}$의 곱은 전체 칸의 개수 중 색칠된 칸의 개수와 같아. 전체 칸은 40칸이고, 색칠된 칸은 21칸이니까 $\frac{21}{40}$인 셈이지.

즉, $\frac{7}{8}\times\frac{3}{5}=\frac{21}{40}$이야. 이제 이 식을 잘 본 친구들은 굳이 그림을 그리지 않고도 (분수×분수)를 계산하는 방법을 알아차렸을 거야. 그래, (분수×분수)를 계산할 때에는 분모는 분모끼리, 분자는 분자끼리 곱하는 거란다!

분수의 곱셈을 기호로 나타내면 다음과 같아.

$$\frac{\square}{\triangle}\times\frac{☆}{♡}=\frac{\square\times☆}{\triangle\times♡}$$

분자끼리의 곱셈

$$\frac{7}{8}\times\frac{3}{5}=\frac{7\times3}{8\times5}=\frac{21}{40}$$

분모끼리의 곱셈

사실 (자연수×분수)도 같은 방법이 적용된다고 할 수 있어. $\frac{3}{10}\times4$에서 자연수 4는 $\frac{4}{1}$와 같으니까, $\frac{3}{10}\times\frac{4}{1}=\frac{12}{10}=1\frac{1}{5}$이 되는 거지.

# 분수 곱셈의 완성

어떤 형태의 분수이더라도 분수의 곱셈을 할 때에는 분모는 분모끼리, 분자는 분자끼리 곱해 주면 돼. 그런 다음 약분을 해 간단한 분수로 나타내면 더욱 완벽하지! 아래의 문제를 통해 지금까지 배운 내용을 정리해 보자.

$$2\frac{2}{15} \times 1\frac{3}{8}$$

①(대분수×대분수)를 (가분수×가분수)로 바꾼다.

$$2\frac{2}{15} \times 1\frac{3}{8} = \frac{32}{15} \times \frac{11}{8}$$

②약분을 해 간단한 분수로 나타낸 뒤 분모는 분모끼리, 분자는 분자끼리 곱한다.

$$\frac{\cancel{32}}{15} \times \frac{11}{\cancel{8}} = \frac{44}{15}$$

③곱한 값이 가분수일 경우, 대분수로 바꿔 준다.

$$\frac{44}{15} = 2\frac{14}{15}$$

세 분수를 곱할 때는
앞의 두 분수를
곱한 다음 나머지를
곱해도 되고,
세 분수의 분모,
분자를 각각
한꺼번에 곱해도 돼.

'분모는 분모끼리, 분자는 분자끼리!'의 규칙만 알면 세 분수의 곱셈도 거뜬히 풀 수 있어. 이번에는 너희가 직접 다음 세 분수의 곱셈을 풀어 보렴.

$$3\frac{1}{4} \times \frac{5}{6} \times \frac{8}{13} = \boxed{?}$$

쏙쏙 개념 ⑤

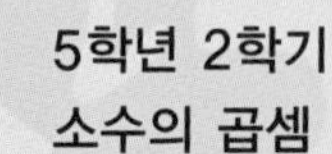

5학년 2학기
소수의 곱셈

# 소수의 곱셈

## 소수는 어떤 수?

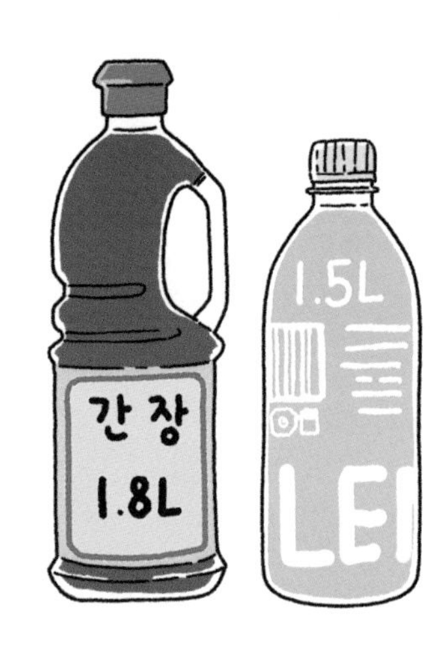
간장
1.8L
1.5L

어떤 수를 소수라고 하는지 생각나니? 0.3, 2.41처럼 숫자 사이에 점을 찍어 나타낸 수를 소수라고 해. 주로 시력을 측정할 때나 키, 체중을 잴 때 사용되고, 음료수나 간장 등 병에 든 액체의 양을 나타낼 때에도 소수를 사용한단다.

우아, 소수가
실생활에서 이렇게
많이 쓰이는구나.

소수를 분모가 10, 100, 1000, … 등인 분수로 바꿀 수 있다는 것도 기억나니? 예를 들어 0.3은 $\frac{3}{10}$, 0.03은 $\frac{3}{100}$, 0.003은 $\frac{3}{1000}$으로 나타낼 수 있지. 이처럼 소수는 분수와 아주 가까운 사이야.

소수가 어떤 수인지 확실하게 떠올렸다면, 이제부터는 본격적으로 소수의 곱셈에 대해 공부해 보자.

1.8L 들이 간장병 3개에 들어 있는 간장의 양은 모두 몇 L일까?

## 소수를 분수로 바꿔라!

1.8L 들이 간장병 3개에 들어 있는 간장의 양을 막대 그림으로 나타내면 다음과 같아.

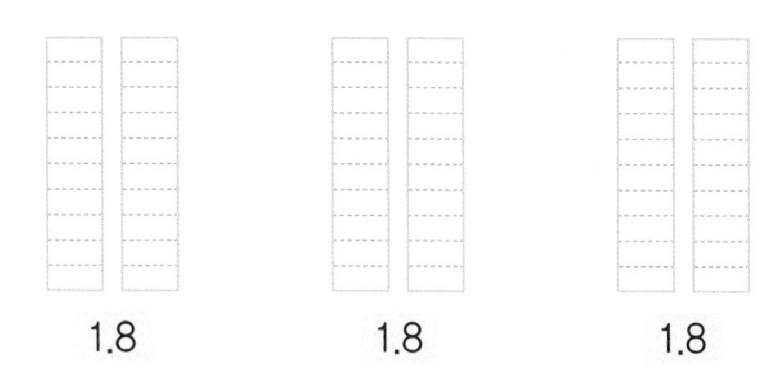


그림으로 보면 1L짜리 3개는 3L, 0.8L짜리 3개는 2.4L이니까, 세 병에 든 간장의 양은 3+2.4=5.4(L)야.

그렇다면 이번에는 곱셈을 이용해 간장의 양을 구해 볼까? (소수×자연수)를 하는 방법은 다음과 같이 정리할 수 있어.

18의 $\frac{1}{10}$배는 1.8,
54의 $\frac{1}{10}$배는 5.4야.


**1.8×3**

① 소수를 분수로 바꾸어 계산한 다음, 다시 소수로 바꿔 준다.

$$1.8\times3=\frac{18}{10}\times3=\frac{18\times3}{10}=\frac{54}{10}=5\frac{4}{10}=5.4(\mathrm{L})$$

② 세로셈으로 소수점을 뺀 자연수끼리 곱셈을 한 다음, 소수점을 위치에 맞게 찍어준다.

$$\begin{array}{r} 1.8 \\ \times\ \ 3 \\ \hline \end{array} \rightarrow \begin{array}{r} 1\ 8 \\ \times\ \ 3 \\ \hline 5\ 4 \end{array} \rightarrow \begin{array}{r} 1.8 \\ \times\ \ 3 \\ \hline 5.4 \end{array}$$

# 소수점의 위치를 어떻게 찾지?

소수의 곱셈에서는 소수점의 위치가 매우 중요해. 소수점을 어디에 찍느냐에 따라 수의 크기가 달라지거든.

그렇다면 소수점의 위치는 어떻게 찾는 걸까? 아래의 식에서 밑줄로 표시해 놓은 부분을 잘 살펴보고, 규칙을 찾아보렴.

$$\underline{3} \times 5 = \underline{15}$$

$$\underline{0.3} \times 5 = \frac{3}{10} \times 5 = \frac{15}{10} = \underline{1.5}$$

$$\underline{0.03} \times 5 = \frac{3}{100} \times 5 = \frac{15}{100} = \underline{0.15}$$

$$\underline{0.003} \times 5 = \frac{3}{1000} \times 5 = \frac{15}{1000} = \underline{0.015}$$

0.4×5=2.0 인데
맨 뒤에 나오는
0은 지우고
2만 쓰면 된단다.


어때, 규칙을 찾았니? '3과 5의 곱은 15'가 공통으로 들어가 있고, 소수점의 위치만 제각각 달라. 소수 한 자리 수와 자연수를 곱하면 답도 소수 한 자리 수이고, 소수 두 자리 수와 자연수를 곱하면 답도 소수 두 자리 수가 되지.

따라서 소수를 0.1배($\frac{1}{10}$배), 0.01배($\frac{1}{100}$배), 0.001배($\frac{1}{1000}$배)하면 소수점은 각각 왼쪽으로 한 자리, 두 자리, 세 자리씩 옮겨진단다.

반대로 소수를 10배, 100배, 1000배하면 소수점은 오른쪽으로 한 자리, 두 자리, 세 자리씩 옮겨지지.

다음은 소수점의 이동을 정리해 놓은 거야. 그림을 보며 소수점의 위치를 찾는 것에 익숙해지자꾸나.

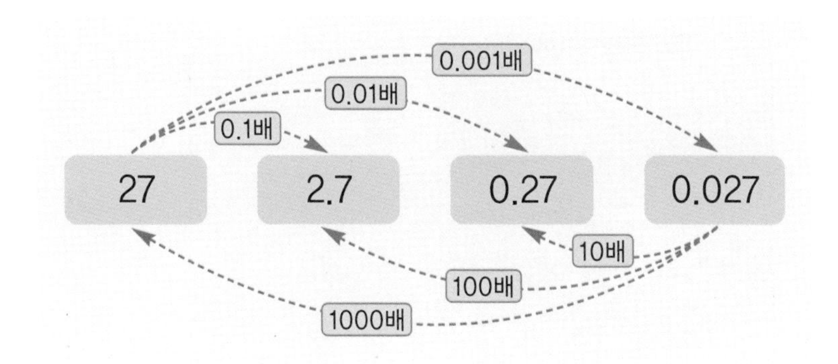


소수의 곱셈과 소수점 위치 찾기에 익숙해졌다면, 다음 문제를 함께 해결해 보자.

가로 1.2m, 세로 0.7m인 직사각형의 전체 넓이를 아래의 두 가지 방법으로 구해 보렴.

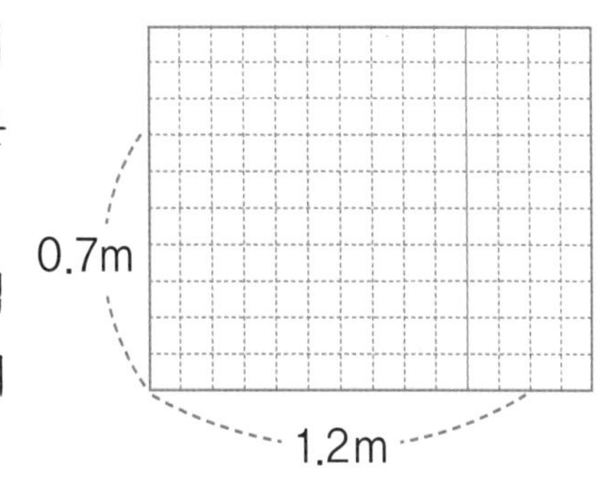


①소수를 분수로 고쳐서 계산하기

$$1.2\times0.7=\frac{\square}{\square}\times\frac{\square}{\square}=\frac{\square}{\square}=\square.\square\square\,(m^2)$$

②소수점을 빼고 계산한 뒤, 소수점의 위치를 찾아 찍기

$12\times7=\square$ $1.\underline{2}\times0.\underline{7}=\square.\square\square$

②처럼 자연수의 곱셈을 먼저 하고 소수점을 찍을 때에는, 곱하는 두 소수의 소수점 아래 자리 수가 모두 몇 개인지 세어서 그만큼 옮겨야 한다는 것을 꼭 기억해야 해.

아래는 서로 다른 크기의 천을 붙여서 만든 조각보야.

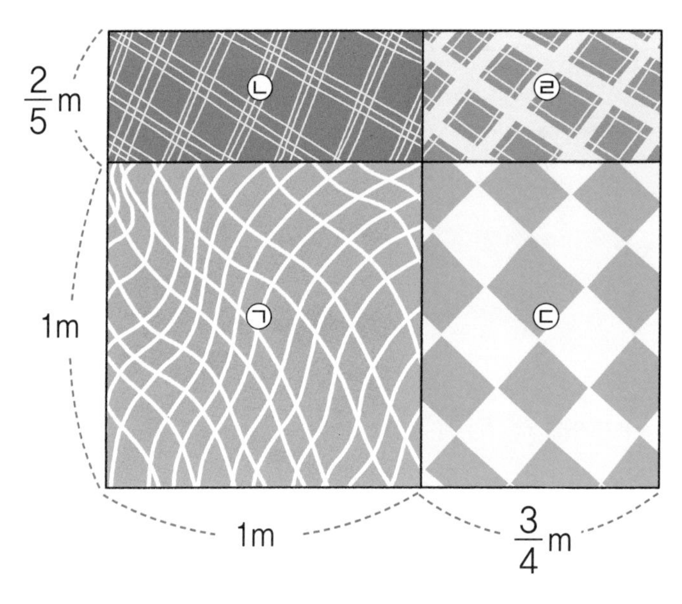


**1** 각 조각의 넓이를 구해 보자.

ㄱ ______ $m^2$　ㄴ ______ $m^2$　ㄷ ______ $m^2$　ㄹ ______ $m^2$

**2** 네 조각의 넓이를 모두 더하면 얼마가 될까?

서술형

**3** ❷의 결과를 대분수의 곱 $1\frac{3}{4} \times 1\frac{2}{5}$ 의 계산 결과와 비교해 보고, 어떤 사실을 알 수 있는지 설명해 보렴.

소수점의 위치에 유의하여 소수의 곱셈을 해 보자.

**1** 곱셈식 145×36=5220을 이용하여 아래의 빈칸에 알맞은 수를 써 넣어 보렴.

| | |
|---|---|
| ① 14.5 × 36 = ☐ | ④ 0.145 × 3.6 = ☐ |
| ② 1.45 × 3.6 = ☐ | ⑤ 145 × 0.36 = ☐ |
| ③ 1450 × 3.6 = ☐ | ⑥ 14.5 × 0.36 = ☐ |

**2** 곱셈식 641×329=210889를 이용하여 아래의 빈칸에 알맞은 수를 써 넣어 보렴.

| | |
|---|---|
| ① 641 × ☐ = 210.889 | ④ 6.41 × ☐ = 21088.9 |
| ② 0.641 × ☐ = 21.0889 | ⑤ 6.41 × ☐ = 21.0889 |
| ③ 641 × ☐ = 21088900 | ⑥ 64.1 × ☐ = 21.0889 |

**3** 텃밭에 심은 토마토 모종이 두 뼘 넘게 자랐어. 곧게 자라도록 0.65m짜리 지지대 2개를 이어 받쳐 두었지. 2개의 지지대가 겹치는 부분이 0.1m라면 지지대 전체의 길이는 몇 m일까?

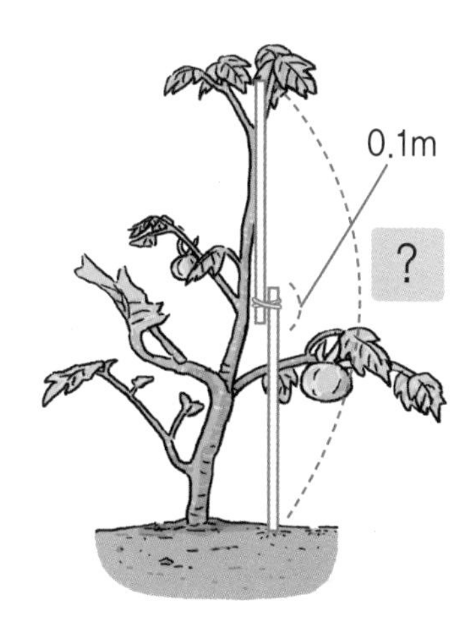

# 디오판토스의 묘비

디오판토스는 수와 계산에 관한 연구로 유명한 고대 그리스의 수학자야. 하지만 언제 태어났는지, 어떤 삶을 살았는지에 대한 기록은 거의 남아 있지 않아단다.

디오판토스는 수학에서 기호와 문자를 사용한 최초의 수학자로 알려져 있어. 어떤 값을 구할 때, 모르는 값을 □로 표시해서 식을 세울 때가 있지? 디오판토스는 이 □를 뜻하는 기호를 만들어 사용하고, 복잡한 식에서 □의 값을 구하는 공식도 만들어 냈다고 해. 디오판토스가 남긴 《산수론(Arithmetica)》이라는 수학책에는 그가 푼 여러 가지 수학 문제가 기록되어 있어.

디오판토스에 대한 자료는 많이 남아 있지 않지만, 그가 몇 년 동안 살았는지를 추측할 수 있는 내용이 그의 묘비에 남아 있다고 해. 그의 묘비에 남아 있는 내용은 《그리스 명시선집》이라는 책에도 나와 있는데, 대수학의 아버지답게 분수가 나오는 알쏭달쏭한 말로 남겨져 있단다.

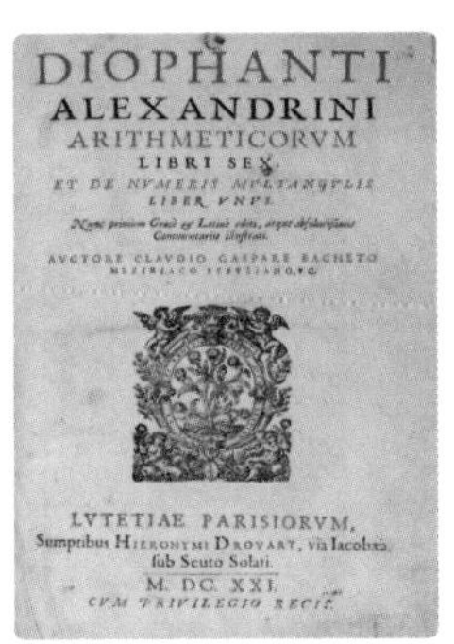

DIOPHANTI
ALEXANDRINI
ARITHMETICORVM
LIBRI SEX.
ET DE NVMERIS MVLTANGVLIS
LIBER VNVS.

LVTETIAE PARISIORVM,
Sumptibus HIERONYMI DROVART, via Iacobæa,
sub Scuto Solari.
M. DC. XXI.
CVM PRIVILEGIO REGIS.

**▲ 디오판토스(좌), 《산수론》번역본(1670년)(우)**

디오판토스는 《산수론》에서 방정식을 소개했으며, 그리스 수학의 역사상 최초로 자신만의 기호를 만들어 마이너스(−), 정의되지 않은 수(미지수), 거듭제곱 등을 사용했다.

신의 축복으로 태어난 그는 인생의 $\frac{1}{6}$ 을 소년으로 보냈다.
다시 인생의 $\frac{1}{12}$ 이 지난 뒤에는 얼굴에 수염이 자라기 시작했다.
그리고 $\frac{1}{7}$ 이 지난 뒤 그는 결혼을 하였으며,
결혼한 지 5년 만에 귀한 아들을 얻었다.
아! 그러나 그의 가엾은 아들은 아버지의 반밖에 살지 못했다.
아들을 먼저 보내고 깊은 슬픔에 빠진 그는 그 후로 4년 동안
정수론에 몰입하여 스스로를 달래다가 일생을 마쳤다.

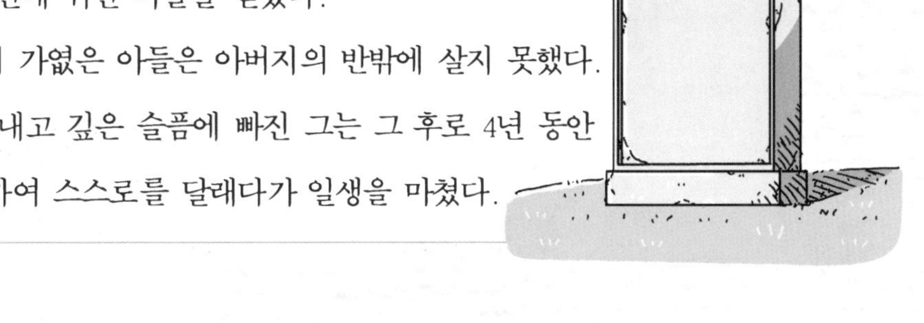

어때? 이 묘비의 내용만 보고 디오판토스의 나이를 구해 볼 수 있겠니? 디오판토스의 나이를 □라고 하고, 식을 세워 차근차근 풀어 보자.

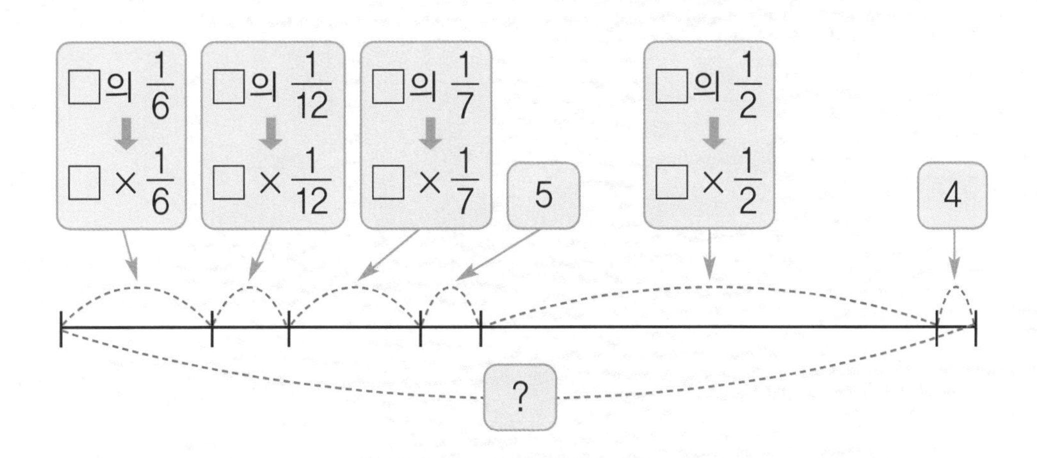


$$\left(\square \times \frac{1}{6}\right) + \left(\square \times \frac{1}{12}\right) + \left(\square \times \frac{1}{7}\right) + 5 + \left(\square \times \frac{1}{2}\right) + 4$$

식이 좀 복잡하다고? 그럼 힌트를 한 가지 줄게. 디오판토스의 '나이'를 구하는 것이니까 답은 자연수일 거야. 그렇다면 □는 각 분수의 분모인 6, 12, 7, 2와 모두 약분이 돼야 해. 자, 이제 스스로 계산해 볼 수 있겠지?

날짜 20☆♡년 ♧월 △일 날씨 비

제목 유산 나누기

오늘은 집에서 책을 읽던 중에 재미있는 문제를 보았다.

인도의 한 상인이 낙타 17마리를 세 아들 중 첫째에게 $\frac{1}{2}$, 둘째에게 $\frac{1}{3}$, 셋째에게 $\frac{1}{9}$을 주라는 유언을 남겼는데, 한 지혜로운 노인이 이 문제를 해결했다. 노인은 자신의 낙타 한 마리를 보태어 18마리로 만든 후, 첫째에게 $18 \times \frac{1}{2} = 9$, 즉 9마리를 주었다. 그리고 둘째에게 $18 \times \frac{1}{3} = 6$마리, 셋째에게 $18 \times \frac{1}{9} = 2$마리를 주었더니 딱 한 마리가 남았고, 노인은 다시 이 낙타를 가졌다고 한다.

그러고보니 2, 3, 9는 모두 18의 약수이다. $\frac{1}{2} + \frac{1}{3} + \frac{1}{9}$을 통분해서 더하면 $\frac{9}{18} + \frac{6}{18} + \frac{2}{18} = \frac{17}{18}$이 되므로 한 마리가 남은 것이다. 노인은 2, 3, 9를 듣고 이 식을 생각해 낸 걸까? 혹시 정체 모를 유명한 수학자가 아니었을까?

5학년 1학기 도형의 합동
직육면체와 정육면체
5학년 2학기 도형의 대칭
여러 가지 도형
'도형의 합동'이라는 말이 무슨 뜻일까?
똑같이 생긴 도형이요! 그럼 쌍둥이도 합동인가…?
합동은 모양과 크기가 딱 맞아 떨어지는 도형에 쓰는 말이야!

# 거울의 방 열쇠 쟁탈전

수학 친구 씽킹맨, 거울의 방에 들어갈 열쇠를 획득하라! 2탄입니다.

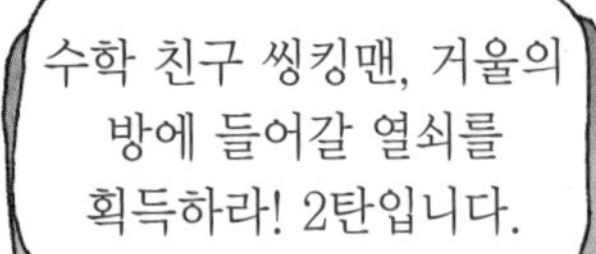

성우

지난 시간에 펼친 게임 결과, 파랑 팀은 자를, 노랑 팀은 각도기를 획득! 이제 두 팀은 획득한 도구를 사용하여 마지막 대결을 펼칩니다!

이것이 바로 거울의 방에 들어갈 열쇠!

쿵!

이것은 열쇠 끝 부분의 삼각형입니다. 각자 획득한 도구로 이 삼각형의 길이와 각도를 재어 보십시오. 제한 시간은 3분입니다!

3cm 80° 4cm 60° 40° 5cm

3분 종료! 이제 자, 컴퍼스, 각도기를 사용해 이 도형과 '합동'인 삼각형을 그리는 팀이 오늘의 우승 팀입니다!

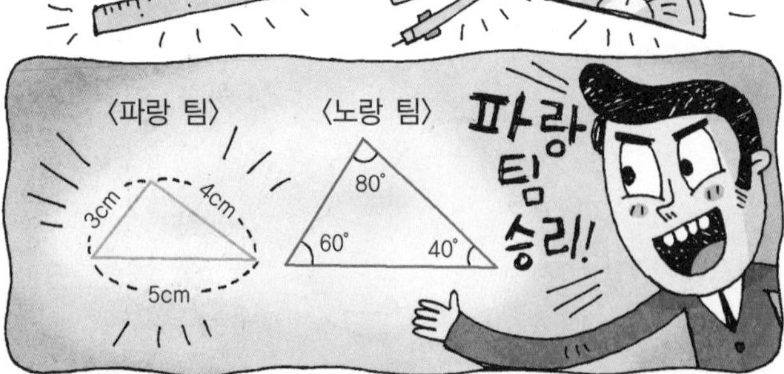


드디어 거울의 방에 들어간 파랑 팀! 아니, 그런데 저건? 어떻게 공중에 떠 있죠?

자를 이용해 삼각형을 그린 파랑 팀이 최후의 우승팀이 되었구나. 앗, 그런데 거울에 방에 들어간 파랑 팀의 공준이가 공중부양을 하고 있네? 사실, 이 공중부양에는 한 가지 비밀이 있단다. 그건 나중에 알아보기로 하고, 먼저 노랑 팀이 그린 삼각형은 왜 합동이 아닌지 살펴보자.

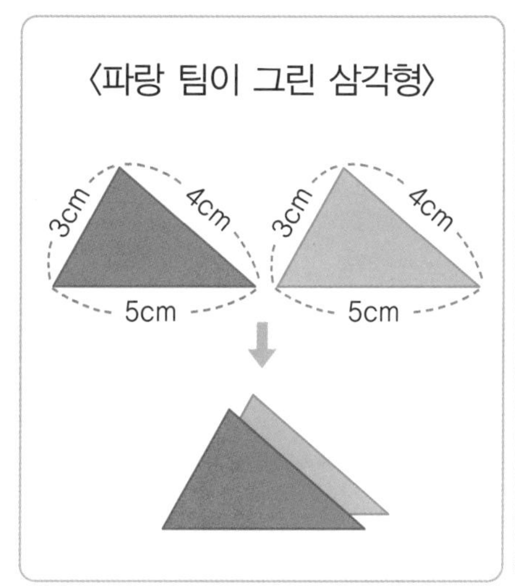


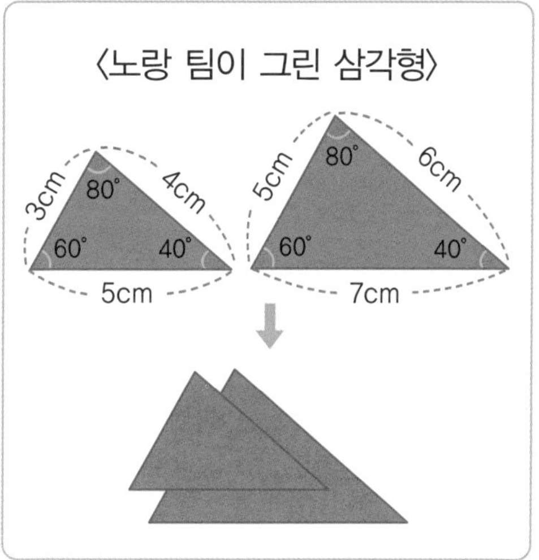


위의 그림을 보면 파랑 팀이 그린 삼각형은 열쇠의 삼각형과 정확하게 포개어진다는 것을 알 수 있어. 반면 노랑 팀이 그린 삼각형은 모양과 색깔이 같지만, 크기가 서로 다르기 때문에 합동이라고 할 수 없단다. 지금부터는 선생님과 함께 '도형의 합동'에 대해 공부할 거야. 또, 도형과 관련이 있는 '도형의 대칭'과 '직육면체', '정육면체'에 대해서도 알아보자.

**개념 이어 보기**

| 앞에서 배운 개념 | 이번에 배울 개념 | 뒤에서 배울 개념 |
| --- | --- | --- |
| • 각도, 다각형 | • 도형의 합동과 대칭<br>• 직육면체와 정육면체 | • 각기둥과 각뿔<br>• 여러 가지 입체도형 |

쏙쏙 개념 ⑥

# 도형의 합동과 대칭

5학년 1학기 **도형의 합동**
5학년 2학기 **도형의 대칭**

## 합동인 붕어빵 도형

스티커와 스티커를 떼어 낸 부분은 모양과 크기가 똑같으니까 서로 합동이야.

서로 얼굴이 꼭 닮은 사람들을 보고 '붕어빵'이라고 표현하지? 붕어빵은 붕어 모양의 틀에 넣어 만든 빵으로, 같은 틀로 찍어 낸 붕어빵은 모양과 크기가 모두 똑같아. 이처럼 모양과 크기가 같아서 포개었을 때, 완전히 겹쳐지는 두 도형을 서로 합동이라고 한단다.

스티커나 도장, 판화, 모양 펀치 등을 사용해 무늬를 반복적으로 꾸미는 것도 도형의 합동을 이용한 거라고 할 수 있어. 두 도형이 서로 합동이 되려면 모양과 크기만 같으면 돼. 색깔이나 질감은 달라도 상관없단다.

모양 펀치도 뚫린 부분과 찍어 낸 부분이 모양과 크기가 똑같아! 이것도 합동이구나.

원준이네 이모가 곧 아기를 낳는대. 드디어 원준이에게도 귀여운 동생이 생기는구나! 원준이는 새로 태어날 동생에게 줄 선물을 직접 만들기로 했어. 서로 다른 색의 천으로 양면 모빌을 만들었지. 원준이는 분홍색과 파랑색 천을 겹쳐서 단단히 고정시키고, 그 위에 삼각형 하나를 그린 뒤 가위로 오려 합동인 2개의 삼각형을 만들었어.

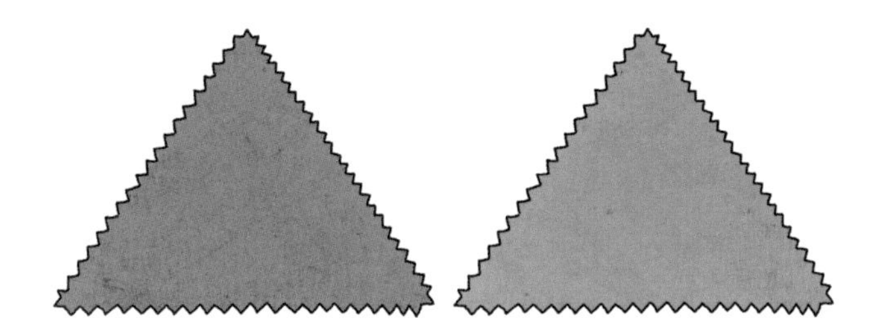

그런 다음에 합동인 두 삼각형을 겹쳐 놓고, 그 사이에 솜을 채워 넣은 뒤, 삼각형의 가장자리를 홈질하기 시작했지.

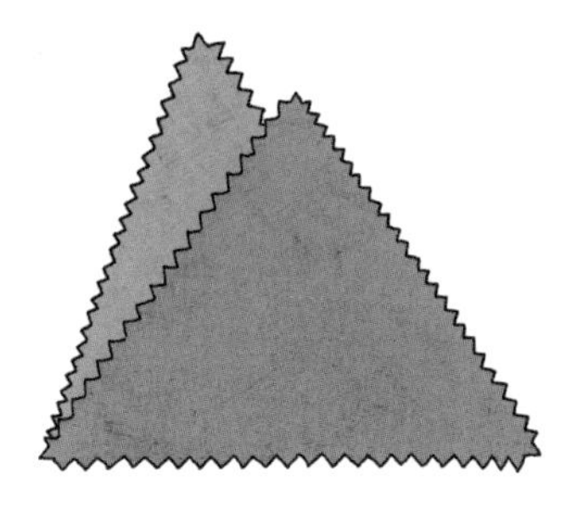

그런데 무언가 좀 이상한데? 합동인 두 삼각형이 서로 포개어지지 않아. 아하! 원준이가 서로 합동인 삼각형은 잘 만들었는데 대응점, 대응변, 대응각을 제대로 못 맞췄구나. 그렇다면 이번엔 대응점, 대응변, 대응각에 대해 알아보자.

## 겹치는 점, 변, 각!

합동인 도형은 고유한 성질을 가지고 있어. 바로 겹치는 점, 변, 각이 있다는 거지. 아래의 그림을 통해 더 자세히 알아보자.

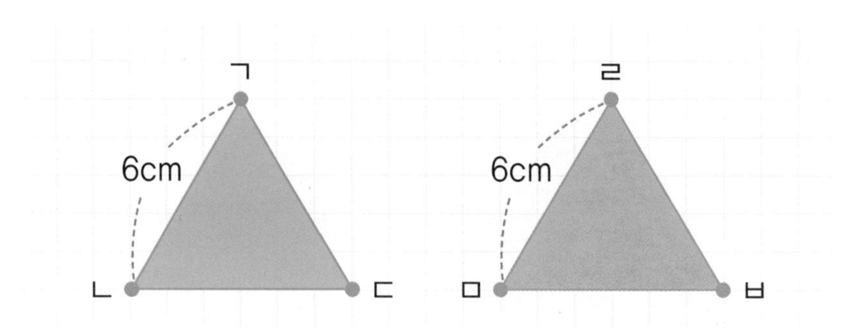
ㄱ
ㄹ
6cm
6cm
ㄴ
ㄷ
ㅁ
ㅂ

삼각형ㄱㄴㄷ과 삼각형ㄹㅁㅂ을 포개면 '점 ㄱ과 점 ㄹ', '점 ㄴ과 점 ㅁ', '점 ㄷ과 점 ㅂ'이 서로 겹쳐. 이와 같이 합동인 두 도형을 완전히 포개었을 때 겹치는 꼭짓점을 대응점이라고 해.

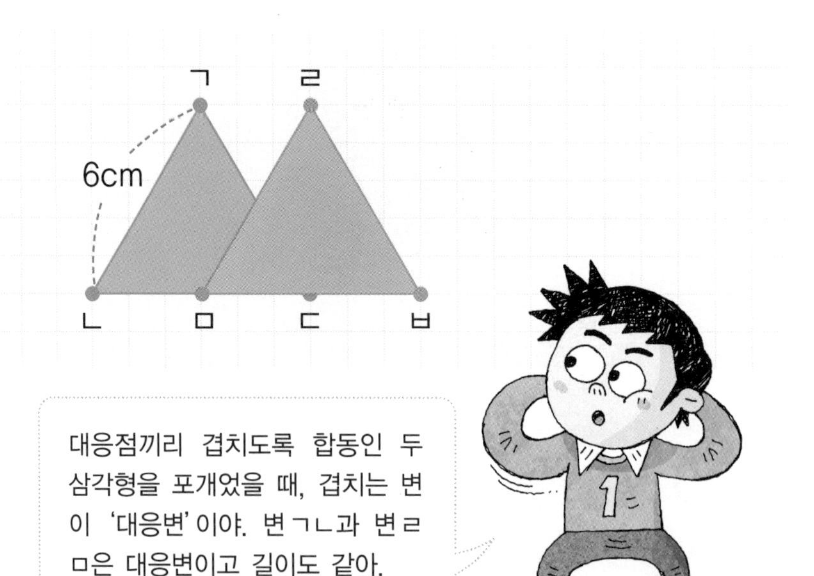
ㄱ
ㄹ
6cm
ㄴ
ㅁ
ㄷ
ㅂ
대응점끼리 겹치도록 합동인 두 삼각형을 포개었을 때, 겹치는 변이 '대응변'이야. 변ㄱㄴ과 변ㄹㅁ은 대응변이고 길이도 같아.

합동인 두 도형을 오려서 겹쳐 보거나 투명 종이에 그려서 겹쳐 보면, 대응변의 길이와 대응각의 크기가 모두 같은 것을 확인할 수 있단다.

합동인 두 삼각형을 포개었을 때 겹치는 '변 ㄱㄴ과 변 ㄹㅁ', '변 ㄴㄷ과 변 ㅁㅂ', '변 ㄷㄱ과 변 ㅂㄹ'을 대응변이라고 해. 이때, 각 대응변의 길이는 서로 같아.

마찬가지로 '각 ㄱㄴㄷ과 각 ㄹㅁㅂ', '각 ㄴㄷㄱ과 각 ㅁㅂㄹ', '각 ㄷㄱㄴ과 각 ㅂㄹㅁ'과 같이 서로 겹치는 각을 대응각이라고 해. 각 대응각의 크기 역시 서로 같단다.

삼각형뿐 아니라 사각형, 오각형 등 여러 가지 다각형에서도 합동인 도형의 대응점, 대응변, 대응각을 찾을 수 있어. 합동인 두 도형은 밀거나 뒤집거나 어느 방향으로 움직여도 대응점을 찾아 겹쳐 보면 모양과 크기가 똑같단다.

삼각형은 세 쌍,
사각형은 네 쌍,
오각형은 다섯 쌍의
대응점, 대응변,
대응각이 있어.


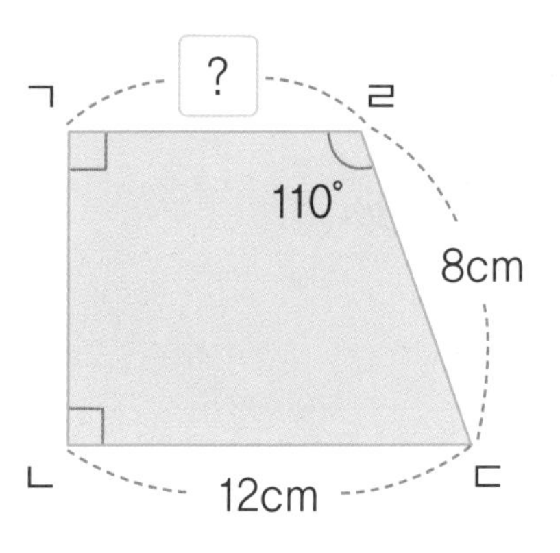


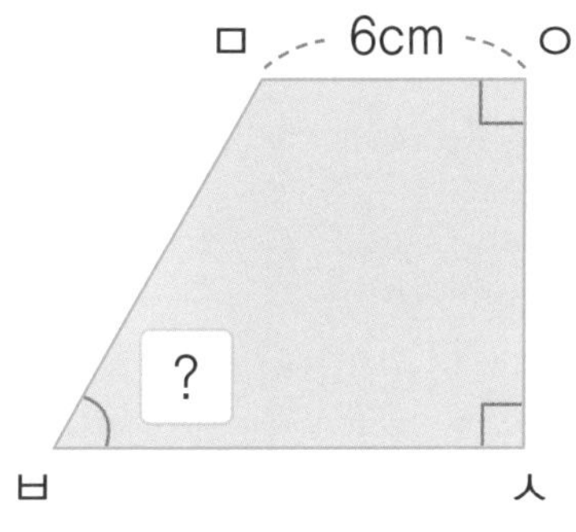

사각형 ㅁㅂㅅㅇ을 왼쪽으로 뒤집어서 포개면 사각형 ㄱㄴㄷㄹ과 완전히 겹치니까 둘은 합동이야. 변 ㄱㄹ은 대응변이 변 ㅇㅁ이니까 6cm로군!

각 ㅇㅁㅂ의 대응각은 각 ㄱㄹㄷ이므로 각 ㅇㅁㅂ은 110°야. 사각형 내각의 합은 360°이고, 나머지 두 각은 직각이니까 '360−(110+90+90)=70'. 따라서 각 ㅁㅂㅅ은 70°야!

# 파랑 팀 우승의 비결

파랑 팀이 우승할 수 있었던 비결은 자로 세 변의 길이를 모두 재어 보았기 때문이야. 삼각형의 세 변의 길이를 알면, 자와 컴퍼스를 사용해 합동인 삼각형을 그릴 수 있거든. 자, 한번 같이 그려 볼까?

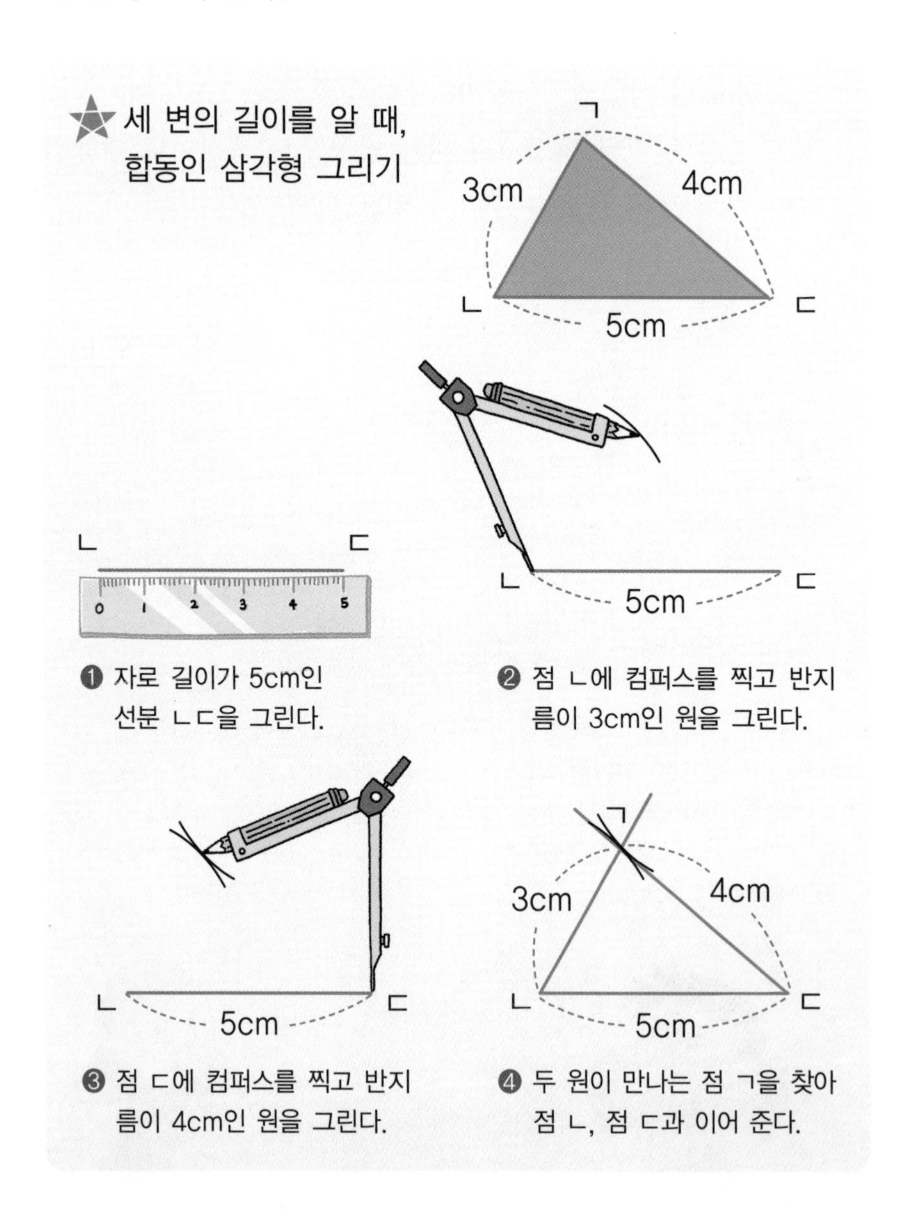

세 변의 길이를 알 때,
합동인 삼각형 그리기
ㄱ
3cm
4cm
ㄴ
ㄷ
5cm
ㄴ
ㄷ
0 1 2 3 4 5
ㄴ
ㄷ
5cm
❶ 자로 길이가 5cm인
선분 ㄴㄷ을 그린다.
❷ 점 ㄴ에 컴퍼스를 찍고 반지
름이 3cm인 원을 그린다.
ㄴ
ㄷ
5cm
ㄱ
3cm
4cm
ㄴ
ㄷ
5cm
❸ 점 ㄷ에 컴퍼스를 찍고 반지
름이 4cm인 원을 그린다.
❹ 두 원이 만나는 점 ㄱ을 찾아
점 ㄴ, 점 ㄷ과 이어 준다.

반드시 세 변의 길이를 모두 알아야만 합동인 삼각형을 그릴 수 있는 건 아니야. 자와 각도기만 있으면 다음과 같은 조건에서도 합동인 삼각형을 그릴 수 있단다. 너희도 아래 그림의 순서에 따라 도형을 그려 보렴.

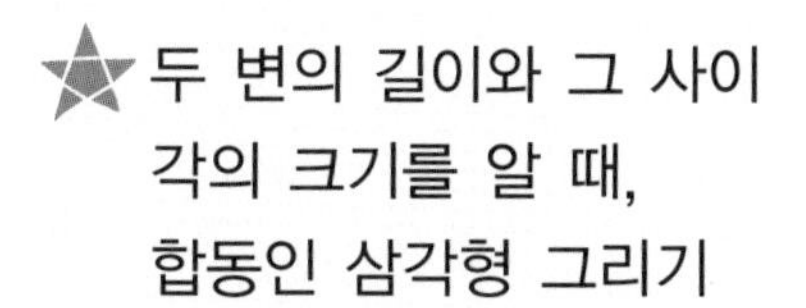


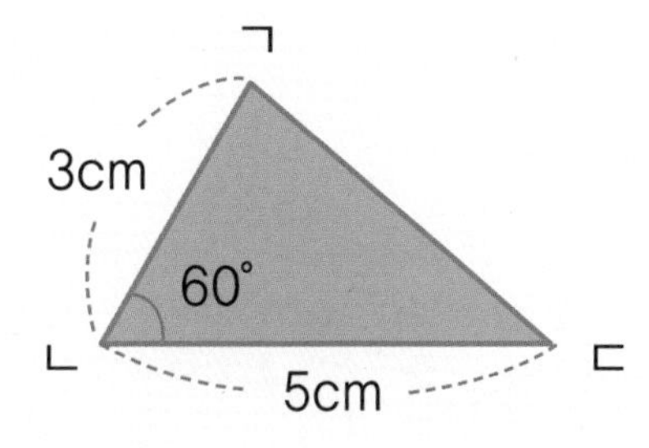


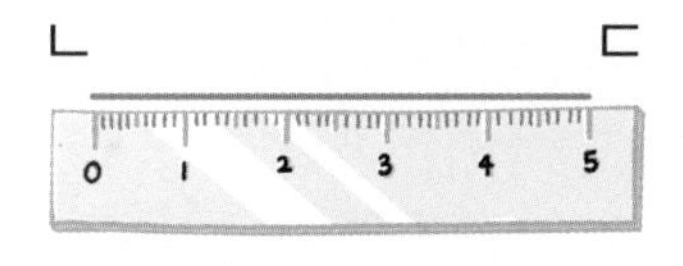


❶ 자로 길이가 5cm인 선분 ㄴㄷ을 그린다.

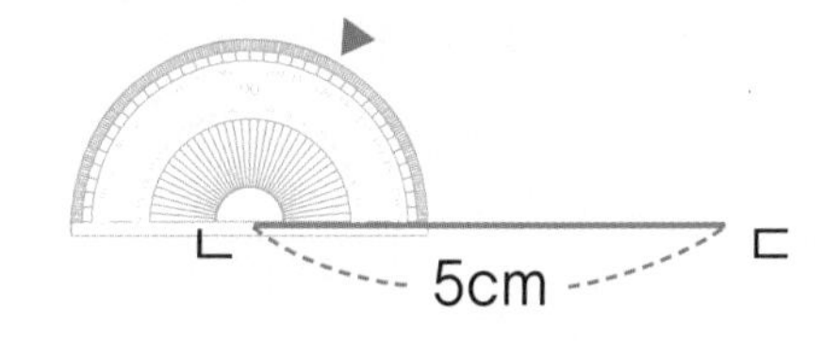


❷ 점 ㄴ을 꼭짓점으로 하여 각도기로 60°인 각을 그린다. 이때, 각도기의 중심이 점 ㄴ과 겹치도록 한다.

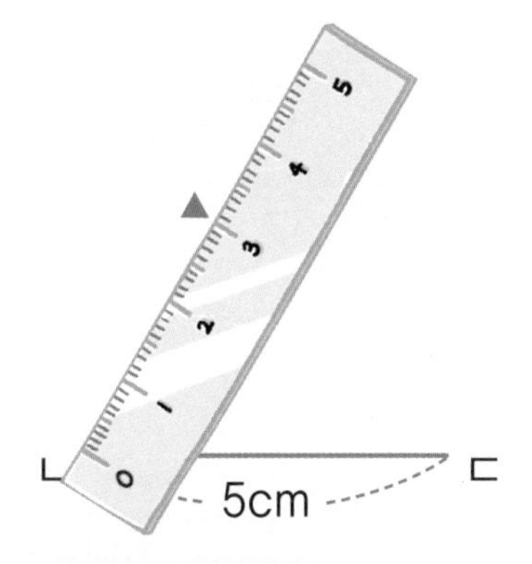


❸ 자로 길이를 재어 점 ㄴ에서 3cm 떨어진 부분에 점 ㄱ을 찍는다.

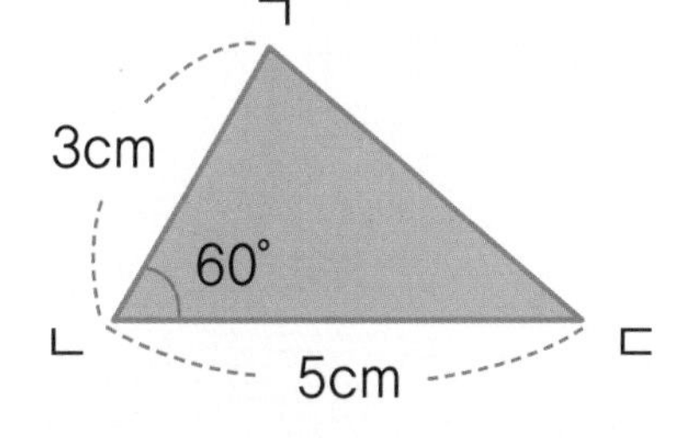


❹ 선분 ㄱㄴ과 선분 ㄱㄷ을 그어서 이어 준다.

### 한 변의 길이와 그 양 끝 각의 크기를 알 때, 합동인 삼각형 그리기

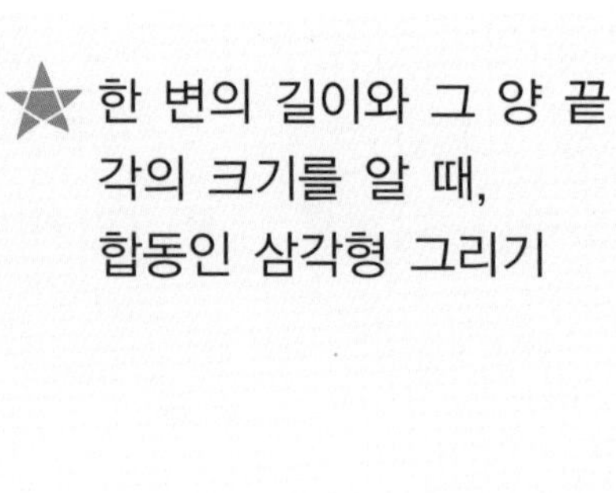

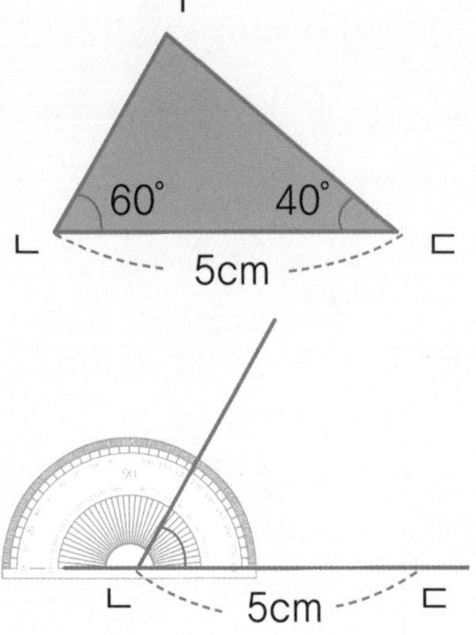


❶ 자로 길이가 5cm인 선분 ㄴㄷ을 그린다.

❷ 점 ㄴ을 꼭짓점으로 하여 각도기로 60°인 각을 그린다. 이때, 각도기의 중심이 점 ㄴ과 겹치도록 한다.

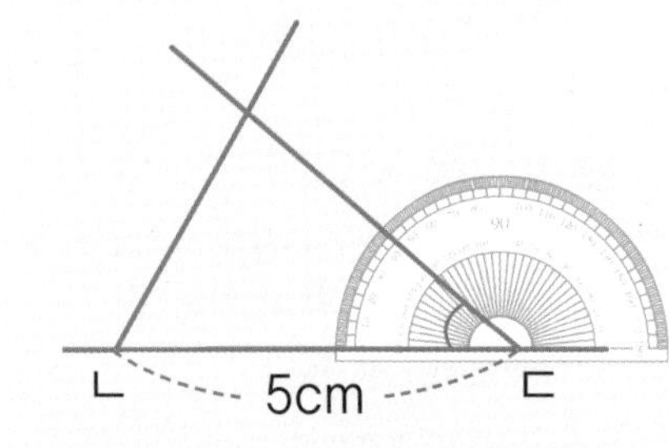


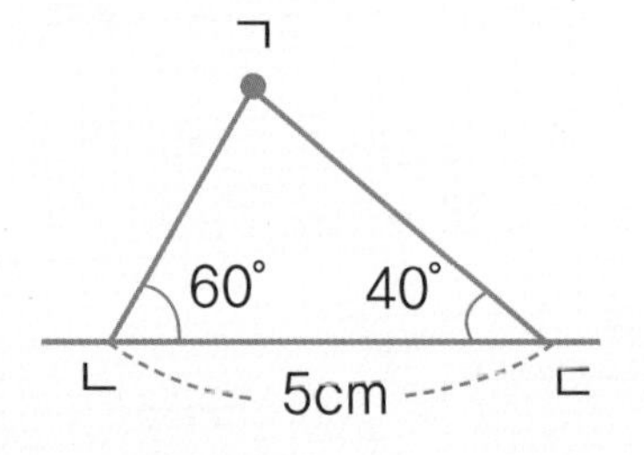


❸ 점 ㄷ을 꼭짓점으로 하여 각도기로 40°인 각을 그린다. 이때, 각도기의 중심이 점 ㄷ과 겹치도록 한다.

❹ 두 각이 만나는 점 ㄱ을 찍어 삼각형을 완성하고, 삼각형 바깥의 선은 지우개로 깨끗이 지운다.

직접 그려 보니까
합동인 삼각형의
조건이 머리에
쏙쏙 들어오네!


다 그렸으면, 합동인 삼각형의 조건을 정리해 볼까?

첫째, 세 변의 길이가 같고 둘째, 두 변의 길이와 그 사이에 낀 각의 크기가 같으며 셋째, 한 변의 길이와 그 양 끝 각의 크기가 같으면 합동이야.

## 공중부양의 비밀

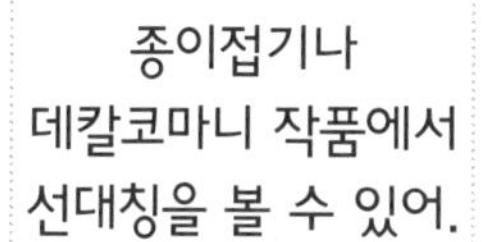

종이접기나
데칼코마니 작품에서
선대칭을 볼 수 있어.


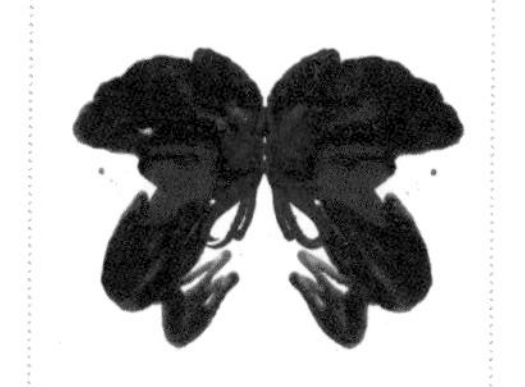

파랑 팀의 공준이가 거울의 방으로 들어가서 공중에 붕 떠 있었던 것 생각나니? 이 공중부양의 비밀은 바로 '대칭'에 있단다. 대칭이란 점이나 선분 또는 평면을 사이에 두고 양쪽에 있는 부분이 똑같은 모양으로 배치되어 있는 것을 말해. 이때 선을 기준으로 배치된 양쪽 모양이 같으면 선대칭, 점을 기준으로 배치된 양쪽 모양이 같으면 점대칭이라고 해. 대칭은 우리의 일상에서 흔히 볼 수 있단다.

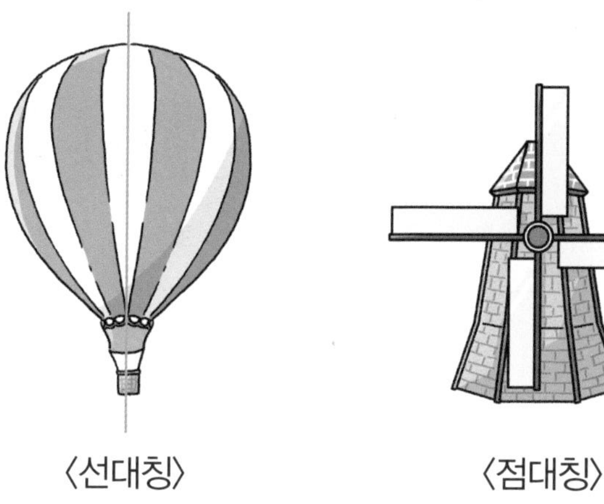

〈선대칭〉 〈점대칭〉

도형 중에서도 대칭을 이루는 도형이 있어. 한 도형을 어떤 직선으로 접었을 때 완전히 겹치는 도형을 선대칭도형이라 하고, 그 직선을 대칭축이라고 해.

선대칭도형에서 대칭축은 하나만 있을 수도 있지만, 여러 개 또는 무수히 많을 수도 있단다.

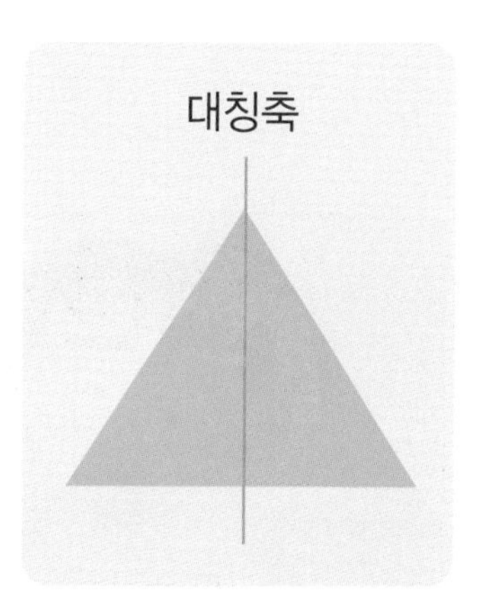


대칭축은 가로,
세로, 대각선 등
여러 방향으로
있을 수 있단다.

## 신기한 선대칭

공준이가 공중부양을 한 것처럼 보였던 이유는 거울의 반사 성질과 선대칭 때문이야. 사실, 공준이는 몸의 반을 거울 밖으로 가린 채 한쪽 다리만 올렸어. 이 모습이 거울에 반사되어 선대칭을 이루었고, 멀리서 보면 마치 공준이가 공중에 떠 있는 것처럼 보였던 거지.

사물이 대칭을 이룰 때 사람들은 안정감을 느끼고 아름답다고 여긴대. 독일의 '츠빙거 궁전'은 완벽한 좌우 대칭으로 유명한 궁전이야.

공준이는 거울의 방에서 재미있는 실험을 한 가지 더 해 보았어. 얼굴의 중심을 대칭축으로 해서 얼굴의 반만 거울에 반사시켜 보았더니 원래의 얼굴과 너무 다른 거야. 얼굴의 왼쪽과 오른쪽이 서로 똑같은 모양인 줄 알았는데, 완벽한 좌우 대칭이 아니라는 게 정말 신기했지.

## 선대칭도형 살펴보기

대칭축으로 접었을 때 완전히 겹치는 도형을 선대칭도형이라고 했지? 다시 말해 선대칭도형에서 대칭축의 오른쪽과 왼쪽에 생기는 도형은 서로 합동인 셈이야.

모눈종이 위에 선대칭도형을 그려서 확인해 보자. 아래의 그림에서 대칭축은 선분 ㅈㅊ이야. 대응변과 대응각을 한번 비교해 볼까?

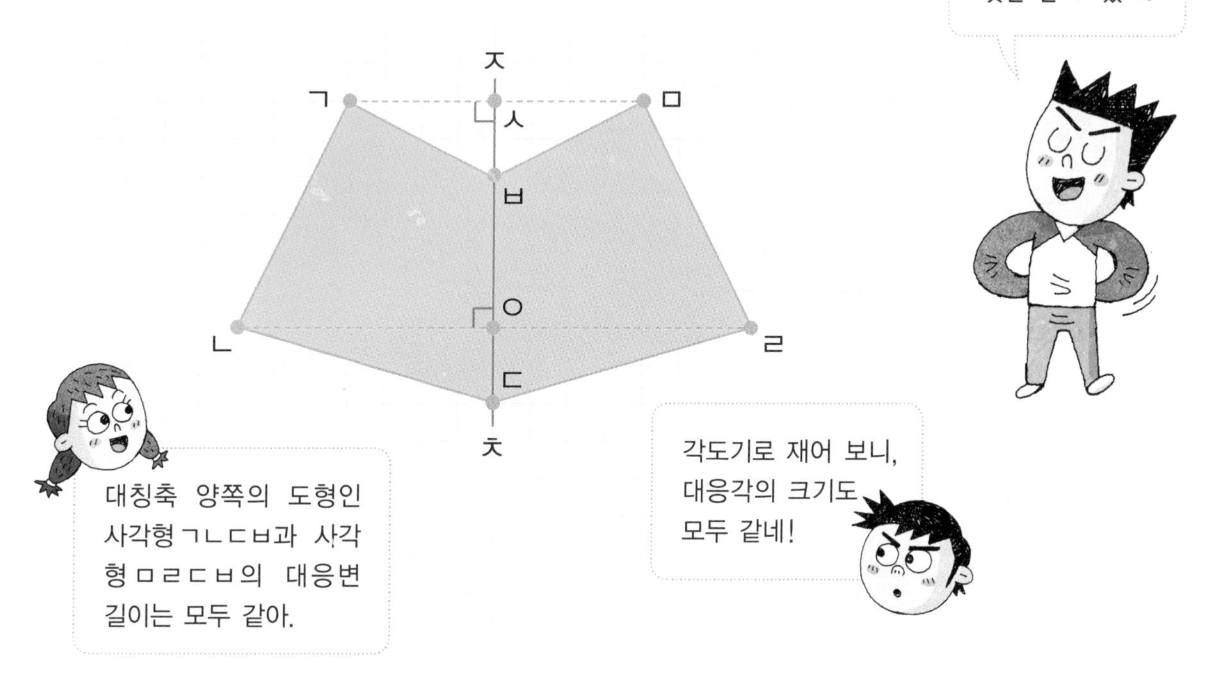

대응점끼리 이은 선분 ㄱㅁ과 대칭축인 선분 ㅈㅊ이 이루는 각은 직각이야. 즉, 대응점을 이은 선분과 대칭축은 수직으로 만난다는 것을 알 수 있지.
ㅈ
ㄱ
ㅁ
ㅅ
ㅂ
ㅇ
ㄴ
ㄹ
ㄷ
ㅊ
대칭축 양쪽의 도형인 사각형ㄱㄴㄷㅂ과 사각형ㅁㄹㄷㅂ의 대응변 길이는 모두 같아.
각도기로 재어 보니, 대응각의 크기도 모두 같네!

이번에는 각 대응점에서 대칭축까지의 길이를 재어 볼 거야. 먼저 대응점끼리 이은 선분 ㄱㅁ과 대칭축인 선분 ㅈㅊ이 만나는 지점을 점 ㅅ, 선분 ㄴㄹ과 선분 ㅈㅊ이 만나는 지점을 점 ㅇ이라고 하자. 이때 선분 ㄱㅅ과 선분 ㅁㅅ의 길이가 같고, 선분 ㄴㅇ과 선분 ㄹㅇ의 길이도 같아. 이처럼 선대칭도형의 각 대응점은 대칭축에서 같은 거리에 있단다.

## 선대칭도형을 그려 보자

선대칭도형의 성질을 알면 선대칭도형을 쉽게 그릴 수 있어.

### ★ 선대칭 도형의 성질

1. 선대칭도형의 대응점들은 대칭축에서 같은 거리에 있다.
2. 대응점끼리 이은 선분은 대칭축과 수직으로 만난다.

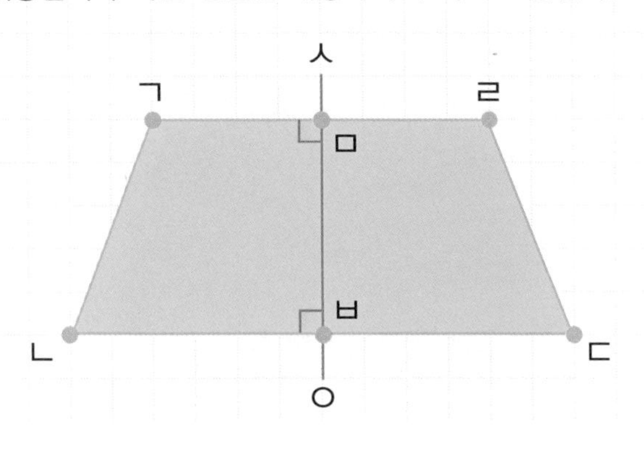


선대칭도형을 그릴 때, 대칭축 위에 있는 점들은 자기 자신이 대응점이므로 따로 찾거나 그리지 않아도 된단다.

아래의 도형이 선대칭도형이 되도록 완성해 보자.

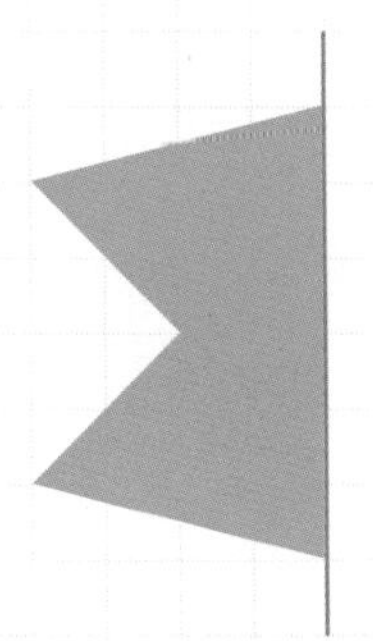

도형의 각 대응점을 찾아 표시한 다음, 그 점들을 연결하면 쉽게 완성되겠지? 다 그린 뒤에는 모눈 칸을 세어서 각 대응점이 대칭축에서 같은 거리에 있는지, 대응점끼리 이은 선분이 대칭축과 수직으로 만나는지를 확인해 보렴.

## 돌려도 변하지 않는 도형

한 도형을 어떤 직선으로 접었을 때 완전히 겹치는 도형을 선대칭도형이라고 한다면, 한 도형을 어떤 점을 중심으로 180° 돌렸을 때 처음 도형과 완전히 겹치는 도형을 점대칭도형이라고 해. 이때 그 점을 대칭의 중심이라고 하지.

선대칭도형은 대칭축이 여러 개일 수 있지만, 점대칭도형은 대칭의 중심이 오직 한 개뿐이야.

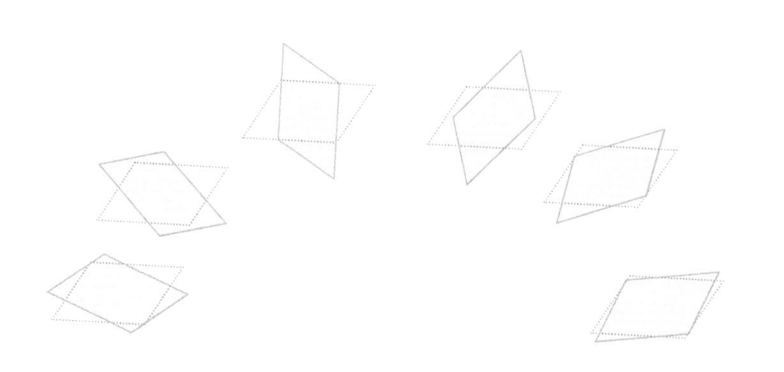

삼각형, 평행사변형, 원의 가운데에 구멍을 뚫고 180° 돌리면 어떤 모양이 될까?

원은 무수히 많은 대칭축을 가진 선대칭도형이면서, 대칭의 중심이 하나뿐인 점대칭도형이야.

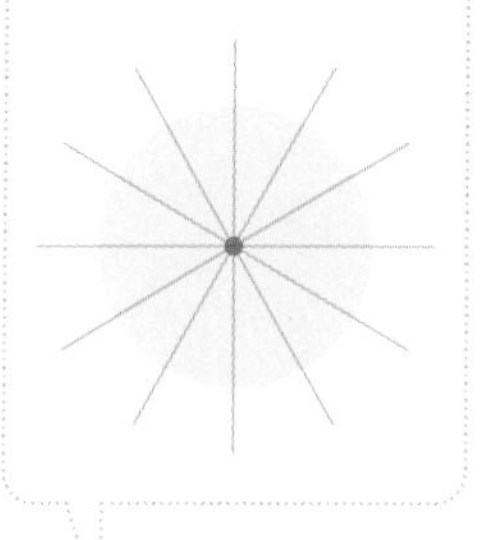

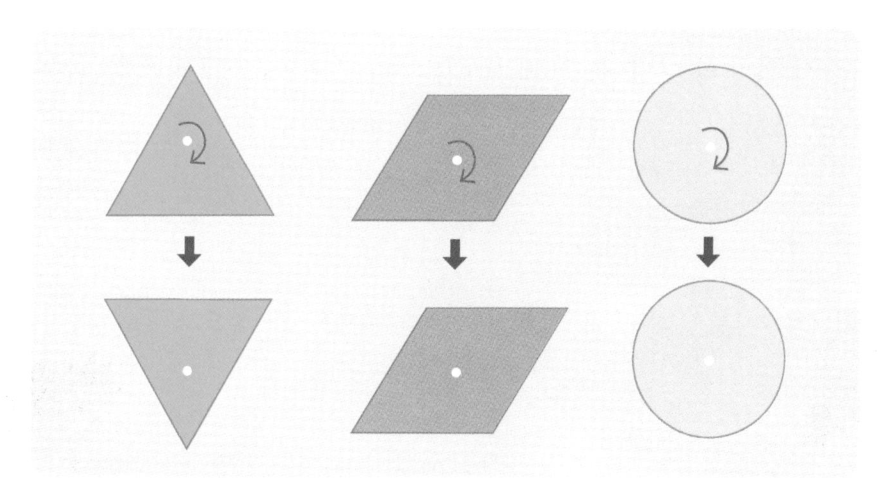

위의 그림에서 알 수 있듯이 평행사변형과 원은 점대칭도형이지만, 삼각형은 어떻게 해도 점대칭도형이 될 수 없단다.

## 점대칭도형의 성질

아래의 그림을 보고, 점대칭도형의 공통적인 성질에 대해 알아보자.

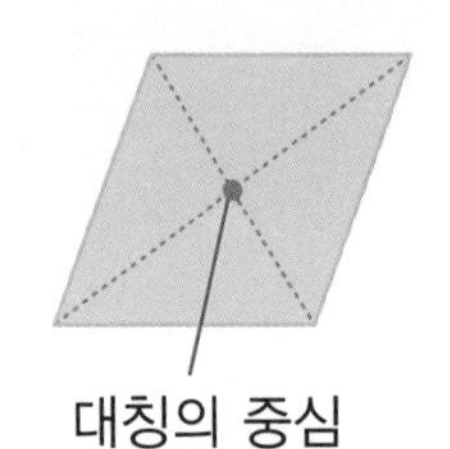


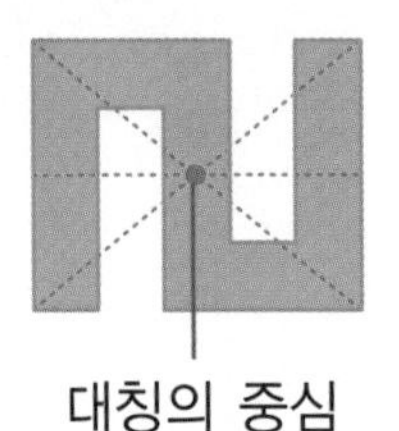


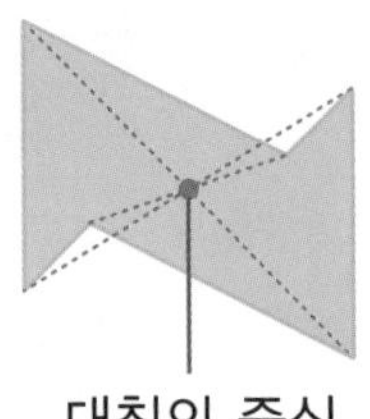

점대칭도형은 대칭의 중심을 기준으로 180° 돌리면 처음 도형과 완전히 겹치는 도형이라고 했지? 따라서 대응변의 길이와 대응각의 크기가 서로 같단다.

모눈종이에 점대칭도형 ㄱㄴㄷㄹ을 그리고, 대칭의 중심을 점 ㅁ이라 표시하자. 그런 다음, 각 대응점끼리 선을 그어 선분 ㄱㄷ과 선분 ㄴㄹ을 그려 보렴. 어때? 선분 ㄱㄷ과 선분 ㄴㄹ은 대칭의 중심인 점 ㅁ에 의해 그 길이가 똑같이 반으로 나뉘지? 이것을 보고 '이등분된다' 라고 말하기도 해.

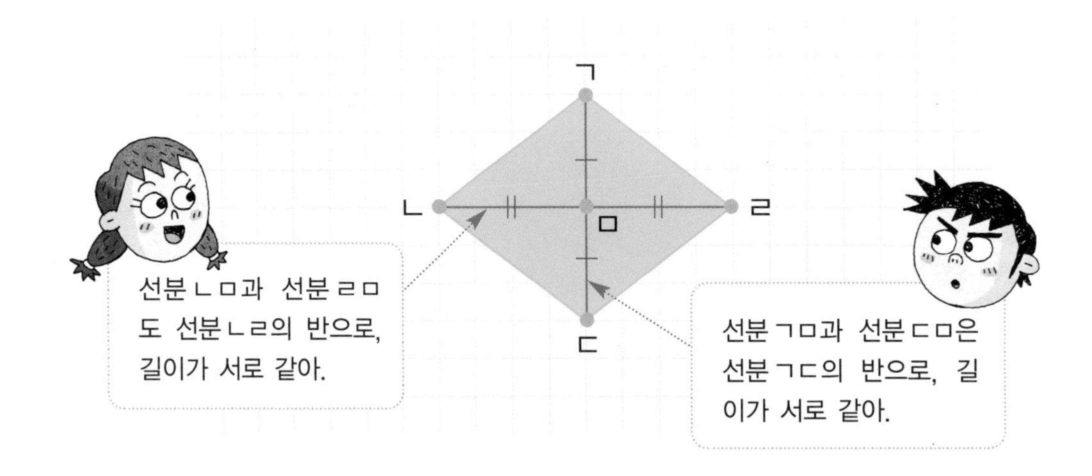

ㄱ
ㄴ
ㄹ
ㅁ
ㄷ
선분 ㄴㅁ과 선분 ㄹㅁ도 선분ㄴㄹ의 반으로, 길이가 서로 같아.
선분ㄱㅁ과 선분ㄷㅁ은 선분ㄱㄷ의 반으로, 길이가 서로 같아.

## 점대칭도형을 그려 보자!

아래의 그림을 보며 점대칭도형의 성질을 정리해 보자.

★ 점대칭 도형의 성질

1. 대응변의 길이와 대응각의 크기가 서로 같다.
2. 대응점끼리 이은 선분은 대칭의 중심에 의해 반으로 나뉜다.

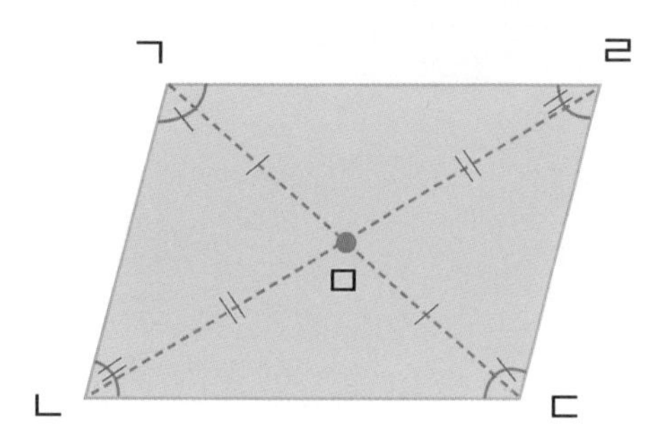


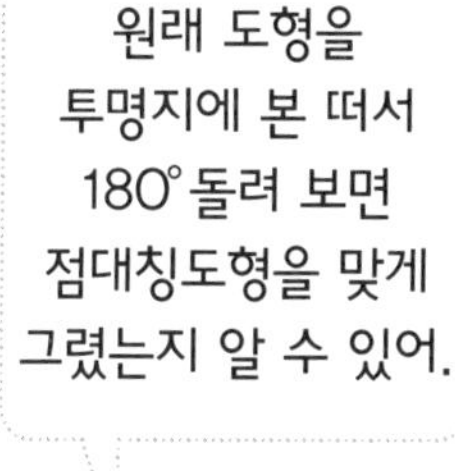

원래 도형을 투명지에 본 떠서 180° 돌려 보면 점대칭도형을 맞게 그렸는지 알 수 있어.


이번에는 각 점의 대응점만 찾아 찍어 놓았어. 너희가 직접 점대칭도형을 완성해 보렴.

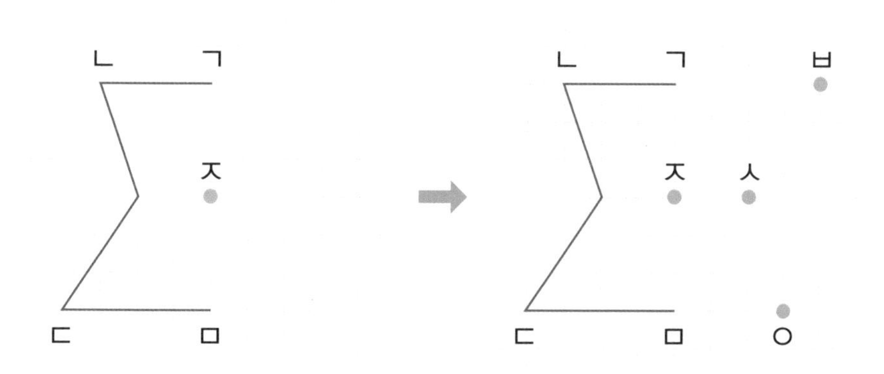

다 그린 뒤에는 모눈 칸을 세어서 각 대응점들이 대칭의 중심에서 같은 거리에 있는지, 대응점끼리 이은 선분이 대칭의 중심에 의해 이등분되는지를 확인하면 돼.

공리와 원준이가 색종이를 접어 꽃을 만들고 있어. 한참 접다 보니 합동인 도형들이 계속 생기네. 공리와 원준이는 접은 색종이를 다시 펴서 합동인 도형들을 찾아보았지.

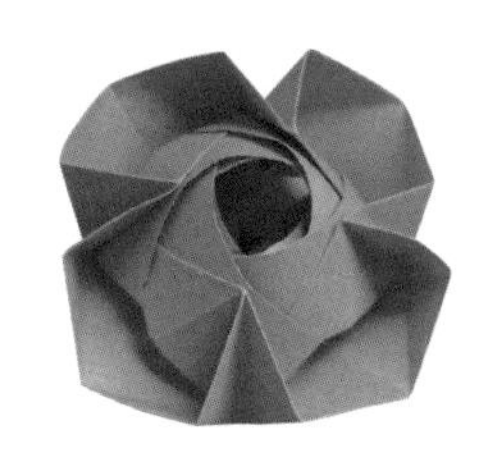

1 아래 도형 모양의 색종이를 점선에 따라 완전히 겹치게 접었어. 다시 펼쳤을 때의 모양을 그리고, 대칭축이 되는 선을 모두 그려 보자.

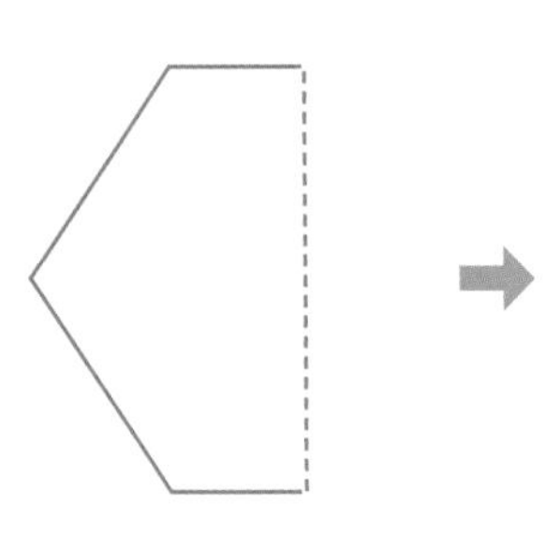

2 두 삼각형이 합동인지 아닌지 생각해 보고, 그 이유를 설명해 보렴.

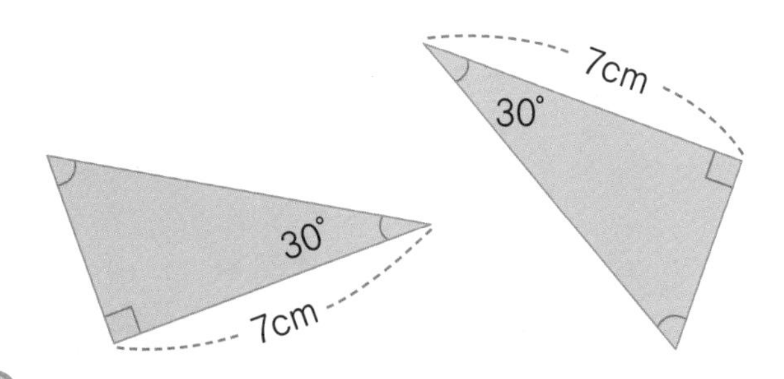


핵심 콕콕

'합동'은 모양과 크기가 같아 포개었을 때 완전히 겹치는 두 도형이야.

공리와 공준, 원준이는 미술관에 가기 위해 지하철을 탔어. 내리는 곳을 확인하려고 지하철 노선도를 봤는데, 얼마 전에 공부한 선대칭도형이 떠올랐지.

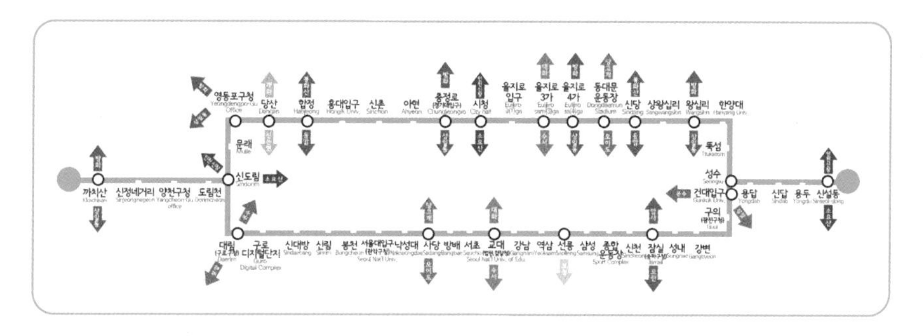


1 지하철 노선도처럼 우리 주변에서 쉽게 찾아볼 수 있는 선대칭도형을 그림으로 그려 보자.

서술형

2 삼각형은 점대칭도형이 될 수 있는지 없는 지를 생각해 보고, 그 이유를 설명해 보렴.

**핵심 콕콕**

- 한 도형을 어떤 직선으로 접었을 때 모양이 완전히 겹치는 도형을 '선대칭도형'이라고 하고, 그 직선을 '대칭축'이라고 불러.
- 한 도형을 어떤 점을 중심으로 180° 돌렸을 때 처음 도형과 완전히 겹치는 도형을 '점대칭 도형'이라 하고 그 점을 '대칭의 중심'이라고 불러.

쏙쏙 개념 7

5학년 1학기
직육면체와 정육면체

# 직육면체와 정육면체

## 택배가 도착했어요!

모양, 모양, 모양과 같이 공간에서 일정한 크기를 차지하는 도형을 '입체도형'이라고 해.

공리와 공준이는 원준이네 집에 놀러 왔어. 오늘은 과자 파티를 열기로 한 날이거든. 그런데 원준이가 파티를 하기 전에 함께 해야 할 일이 있다며 예쁜 필통과 맛있는 과자, 깜찍한 주사위 등을 한가득 가져왔어. 원준이는 이 선물을 상자에 예쁘게 담아 외국에 살고 있는 동생들에게 보내 줄 거래. 공리와 공준, 원준이는 집 안에 있는 여러 개의 상자를 모아 놓은 뒤, 가장 마음에 드는 상자를 골라 선물을 담았어.

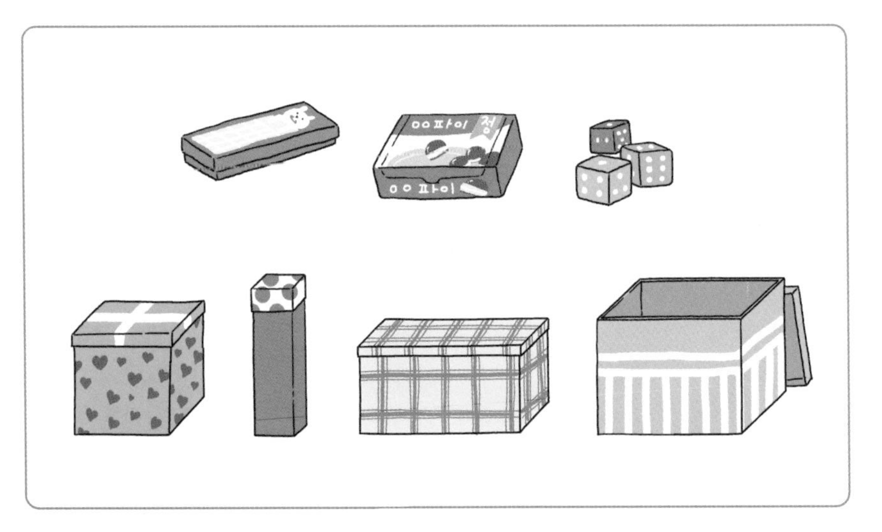


점, 직선, 곡선, 다각형, 원과 같이 길이나 폭만 있고 두께가 없는 도형을 '평면도형'이라고 해.

선물을 포장하던 공리와 공준, 원준이는 문득 여러 상자와 선물의 공통점을 발견했어.

: 이 물건들의 윗부분은 모두 사각형이야.

: 이 물건들은 모두 모양의 입체도형이야.

: 이 물건들은 모두 6개의 평면도형으로 둘러싸여 있어.

공리와 공준, 원준이가 공통점을 아주 잘 찾았구나. 아래 그림은 여러 상자와 선물을 입체도형으로 나타낸 거야.

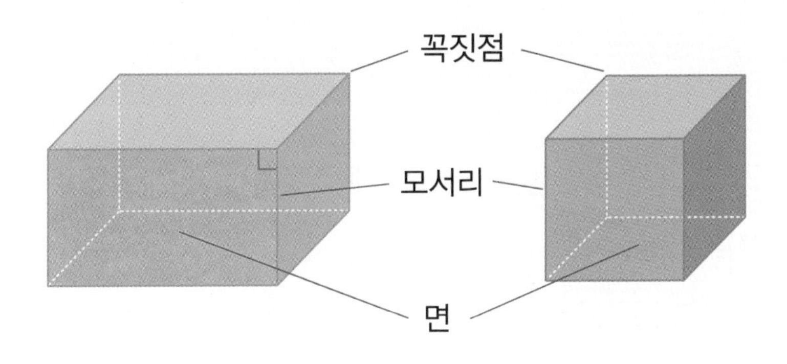


입체도형에서 평면도형으로 둘러싸인 부분을 면이라고 하고, 면과 면이 만나는 선분을 모서리라고 해. 그리고 모서리와 모서리가 만나는 점을 꼭짓점이라고 부르지. 이때, 모서리는 변과 달라. 변은 평면도형에서 점과 점을 이었을 때 생기는 선분이고, 모서리는 입체도형에서 면과 면이 만나 생기는 선분이야.

위의 두 입체도형 중 직사각형의 면 6개로 둘러싸인 첫 번째 도형은 직육면체라고 하고, 정사각형의 면 6개로 둘러싸인 두 번째 도형은 정육면체라고 해. 여기까지 잘 따라왔다면, 이제 직육면체와 정육면체에 대해 자세히 공부해 보자.

# 안 보이는 모서리도 그리기

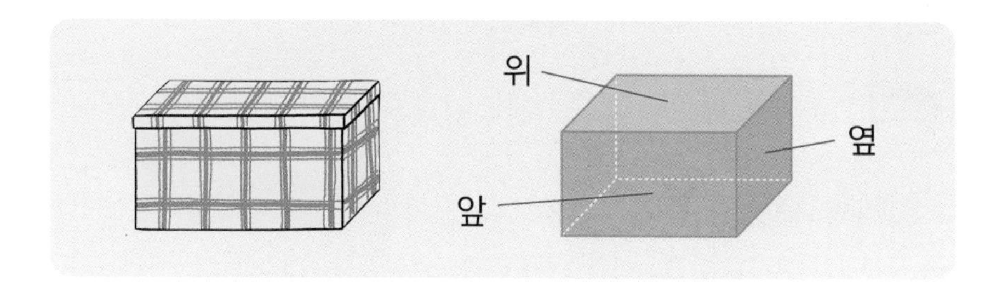


위의 그림처럼 직육면체나 정육면체 모양의 물건은 평면도형과 달리 모든 면, 모서리, 꼭짓점이 한눈에 보이지 않아. 그래서 직육면체나 정육면체를 그릴 때 보이는 모서리는 실선으로, 보이지 않는 모서리는 점선으로 그려 나타내는데, 이를 겨냥도라고 해. 자, 이번에는 너희가 직접 직육면체의 겨냥도를 완성해 보렴.

정육면체는
직육면체라고도
할 수 있지만,
직육면체는
정육면체라고
할 수 없단다.


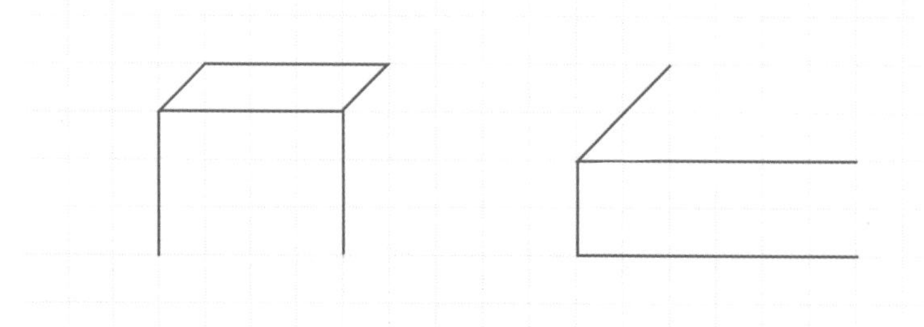

완성된 겨냥도를 보고 직육면체와 정육면체의 면, 모서리, 꼭짓점의 수를 세어 보자. 면은 6개, 모서리는 12개, 꼭짓점은 8개로 둘 다 같네.

그렇다면 직육면체와 정육면체의 차이점은 무엇일까? 먼저 면의 모양을 살펴보자. 직육면체의 면은 직사각형이야. 따라서 모서리의 길이가 서로 달라. 하지만 정육면체의 면은 정사각형이므로 모서리의 길이는 모두 같지.

## 서로 만나지 않는 선과 면

과자 파티를 마친 뒤, 공준이는 무언가를 보았어. 바로 원준이네 집 창문에 드리워진 블라인드야.

블라인드는 합동인 직사각형 수십 개가 같은 간격으로 연결되어 있어. 그래서 줄을 당기면 직사각형들이 서로 겹쳐지며 창문 위로 올라가고, 줄을 내리면 직사각형들이 나란히 펼쳐져 햇볕을 가려주지.

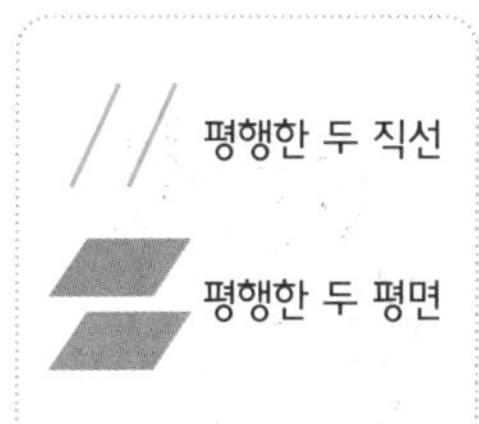

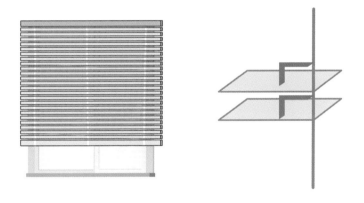

한 평면 위에 평행한 두 직선이나 두 평면은 아무리 길게 늘여도 서로 만나지 않아.

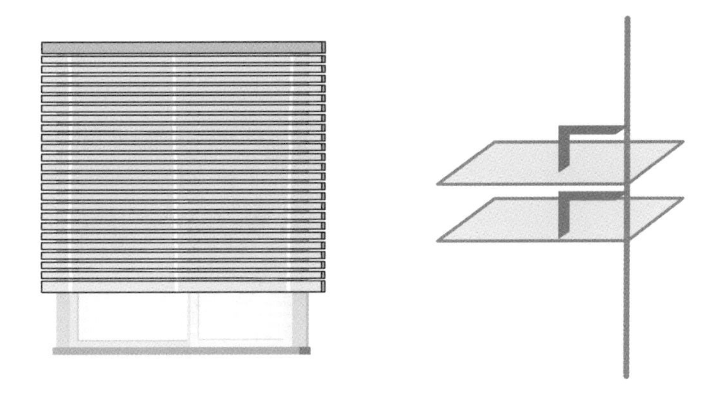

공준이는 블라인드의 줄을 당기고 내리기를 반복하다가, 줄 옆에 있는 막대를 돌려 보았어. 그랬더니 블라인드의 직사각형 면과 창문의 면이 직각을 이뤄 집 안으로 햇볕이 들어 왔지. 이처럼 면과 면이 직각으로 만날 때, 두 면을 서로 수직이라고 해. 이때, 블라인드의 직사각형 면들은 일정한 간격으로 늘어 있어 서로 만나지 않아. 이와 같이 계속 늘여도 만나지 않는 두 면을 서로 평행하다고 한단다.

수직과 평행은 우리가 무심코 지나쳤던 생활 속에서 얼마든지 찾을 수 있어. 너희도 공준이처럼 우리 주변의 사물들 속에서 수직과 평행을 찾아 보렴.

## 직육면체의 성질

밑면은 직육면체의 '밑에 있는 면'이고 옆면은 '옆에 있는 면'인가요?

블라인드의 평행한 두 면처럼, 직육면체에서 마주 보고 있는 두 면은 아무리 늘여도 서로 만나지 않아. 이때, 평행한 두 면을 직육면체의 밑면이라고 불러.

아래의 그림에서 빗금친 두 면은 직육면체의 밑면이야. 직육면체에는 밑면 외에도 서로 마주 보는 면이 2쌍이나 더 있어. 이 면들도 서로 평행이지. 따라서 직육면체에서 서로 평행한 면은 모두 2개씩 3쌍이란다.

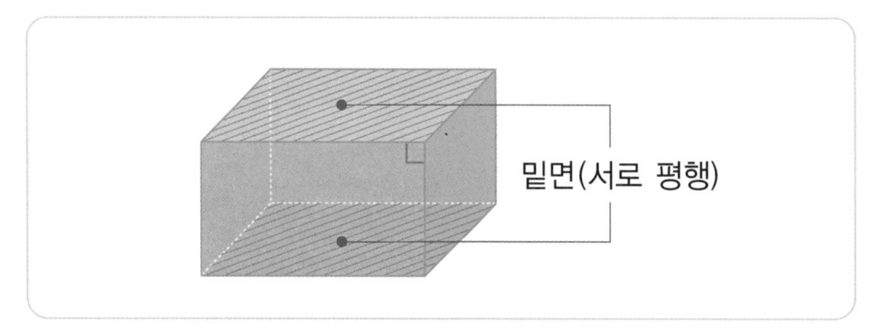


그렇게 생각하기 쉽지만 직육면체를 어떻게 놓느냐에 따라 밑면이 옆면이 될 수도 있고, 옆면이 밑면이 될 수도 있어. 그러므로 두 면이 서로 평행이면 '밑면', 밑면과 수직이면 '옆면'이라고 한다.

그리고 아래 그림의 빗금친 두 면처럼 직육면체에서 직각으로 만나는 두 면을 서로 수직이라고 해. 이때, 밑면과 수직인 면을 옆면이라고 하지. 직육면체에서 한 밑면에 수직인 면은 모두 4개야.

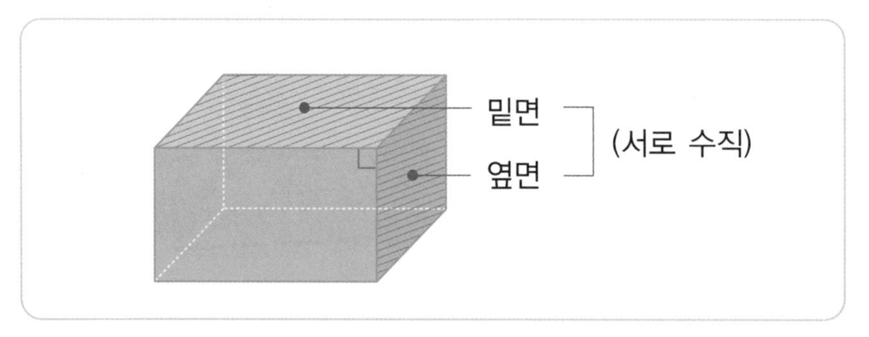

## 상자를 펼쳐 보자

원준이는 친척 동생들에게 보낼 또 다른 선물을 꺼냈어. 그리고 선물을 넣을 만한 상자를 골랐는데, 상자가 너무 큰 거야. 원준이가 준비한 선물이 망가지지 않도록 적당한 크기의 상자가 필요한데 모아 놓은 상자들 중에는 마땅한 게 없었지.

한참을 고민하던 공리와 공준, 원준이는 결국 상자를 새로 만들기로 했어. 그래서 커다란 하드보드지를 사 왔지. 그리고 원준이가 모아 놓은 상자 중 하나를 펼쳐 보기로 했어. 직육면체 모양의 상자를 펼쳤을 때 어떤 모양인지를 알아야 하드보드지에 그 모양을 따라 그려서 상자를 만들 수 있을 테니까.

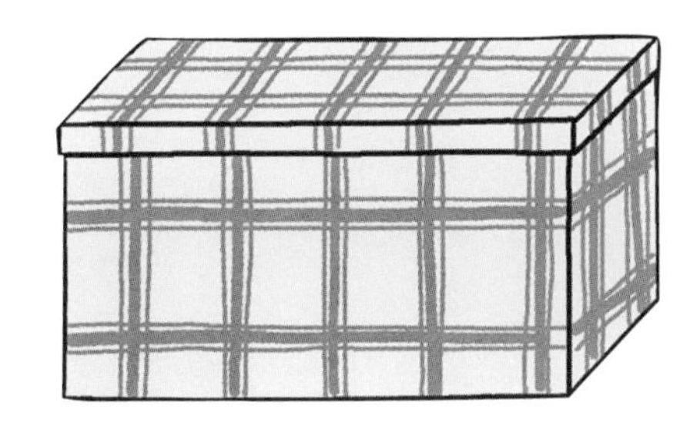

# 직육면체의 전개도는 어떤 모양일까?

직육면체 모양의 상자를 펼쳐 보았더니 아래와 같은 모양이 되었어.

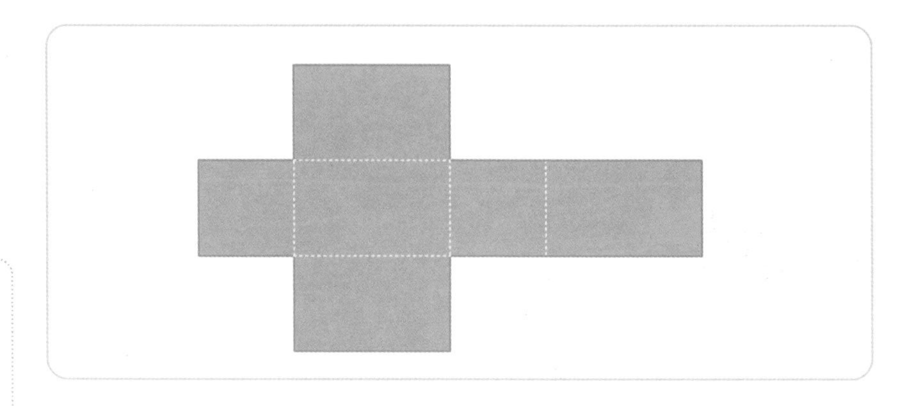

전개도를 보며 직육면체를 떠올릴 때에는,
① 합동인 직사각형 면이 2개씩 3쌍 있는지,
② 접었을 때 서로 만나는 모서리의 길이가 같은지,
③ 합동인 면이 서로 평행인지 살펴봐.

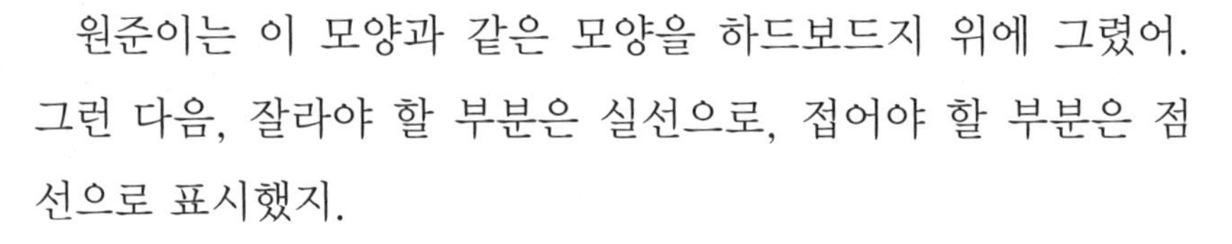

원준이는 이 모양과 같은 모양을 하드보드지 위에 그렸어. 그런 다음, 잘라야 할 부분은 실선으로, 접어야 할 부분은 점선으로 표시했지.

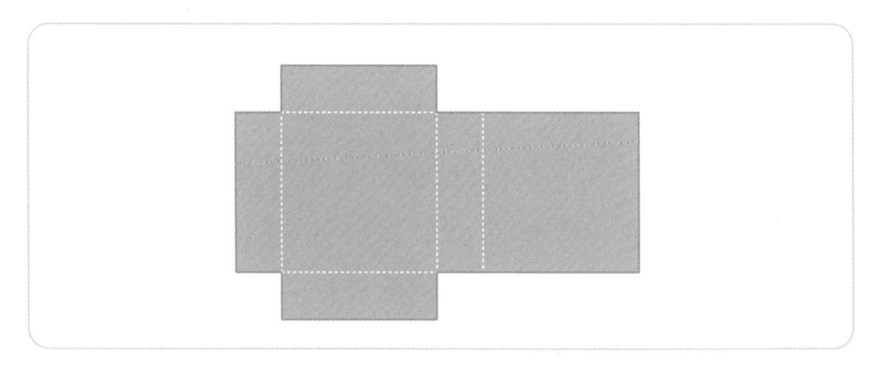

위의 그림은 직육면체를 펼친 모양과 같아. 이처럼 직육면체를 펼쳐서 잘린 모서리는 실선, 잘리지 않은 모서리는 점선으로 나타내어 평면에 그린 그림을 직육면체의 전개도라고 한단다.

## 직육면체의 전개도 그리기

원준이를 도와 선물 상자를 만들고, 정성스럽게 포장한 공리와 공준이는 남은 하드보드지로 상자를 하나씩 만들기로 했어. 공준이는 아래와 같이 상자의 겨냥도를 그린 뒤, 모서리의 길이를 표시해 보았지.

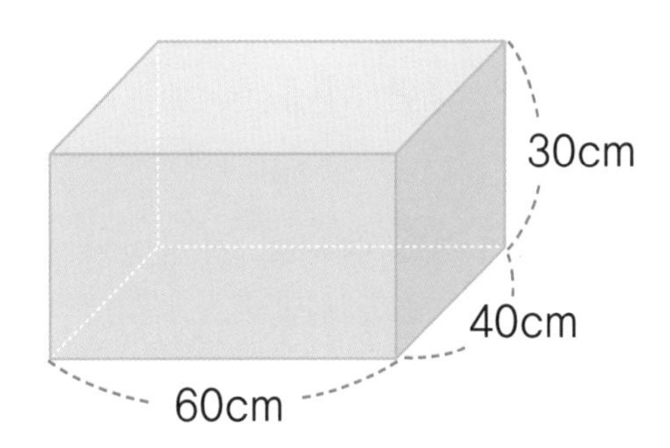


그런 다음 직육면체가 펼쳐진 모양의 전개도를 그려 보았는데, 어딘지 모르게 이상했어. 어떤 부분이 잘못 그려진 걸까? 공준이가 잘못 그린 부분을 바르게 고쳐서 전개도를 그려 보렴.

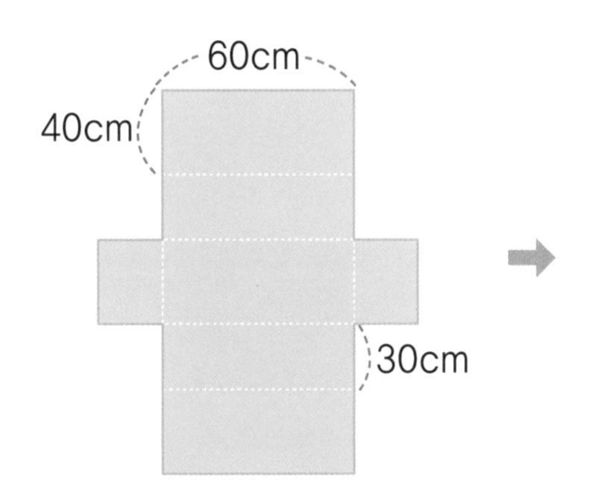

직육면체의 전개도에서 합동인 직사각형을 찾아 서로 맞닿는 모서리의 길이를 확인해 보면 전개도가 잘못 그려진 이유를 알 수 있어.

## 여러 가지 전개도

공리는 정육면체 모양의 상자를 만들기로 했어. 정육면체는 6개의 면이 모두 합동인 정사각형이니까, 모서리의 길이가 모두 같아 전개도를 그리기도 훨씬 쉽다고 생각했거든. 공리 역시 정육면체의 겨냥도부터 그린 뒤에 전개도를 그렸지.

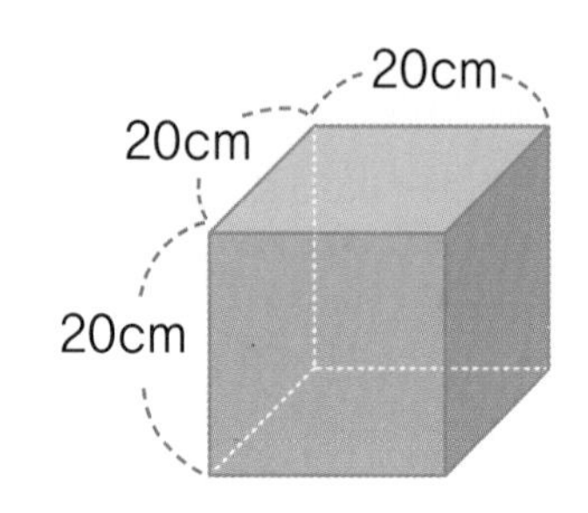


그런데 공리가 그린 정육면체의 전개도가 앞에서 본 직육면체의 전개도와 약간 다르지? 잘못 그린 게 아닐까 생각한 친구도 있을지 모르겠지만, 머릿속으로 이 전개도를 접어서 정육면체를 만든다고 생각해 봐.

그게 어려운 친구들은 종이에 직접 그려서 접어 봐도 좋아. 사실, 공리의 전개도는 틀린 게 아니야. 직육면체나 정육면체의 전개도는 여러 개가 나올 수 있거든.

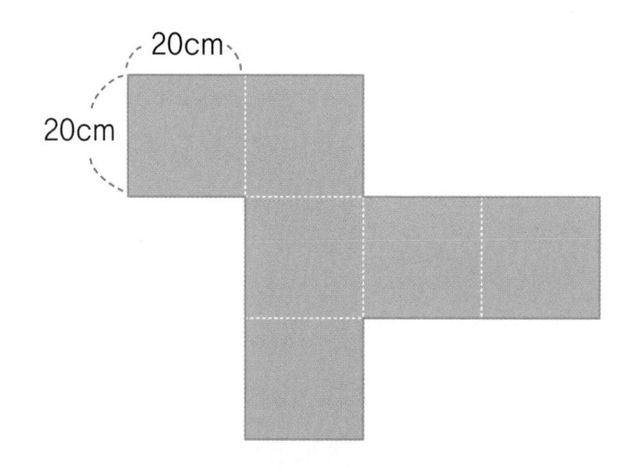

다음은 정육면체의 여러 가지 전개도야. 머릿속으로 전개도를 접어 정육면체를 완성해 보자.

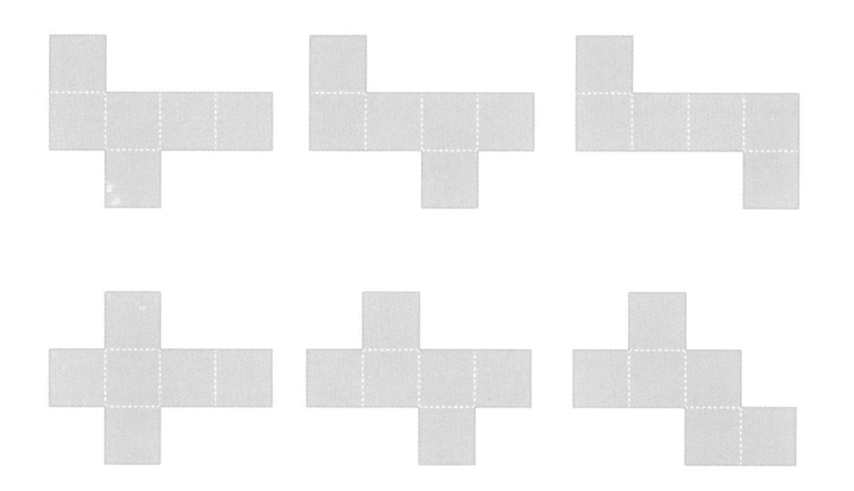

직육면체나
정육면체의 전개도는
펼치게 되는
모서리가 어느 곳
이냐에 따라 다양한
모양으로 나와.


자, 마지막으로 선생님이 퀴즈를 하나 낼게. 모눈종이 위에 밑면의 가로 길이가 3cm, 세로 길이가 2cm, 옆면의 세로 길이가 2cm인 직육면체의 전개도를 여러 가지 방법으로 그려 보렴!

시골에 사시는 공리네 할머니는 직접 키운 채소나 과일을 일주일에 한 번씩 보내 주셔. 공리는 할머니께 채소나 과일을 담을 상자를 만들어 드리기로 했어.

**1** 다음 겨냥도를 보고, 공리가 만들 상자의 전개도를 그려 보자. 참고로 아래 모눈종이의 한 칸은 10cm×10cm이란다.

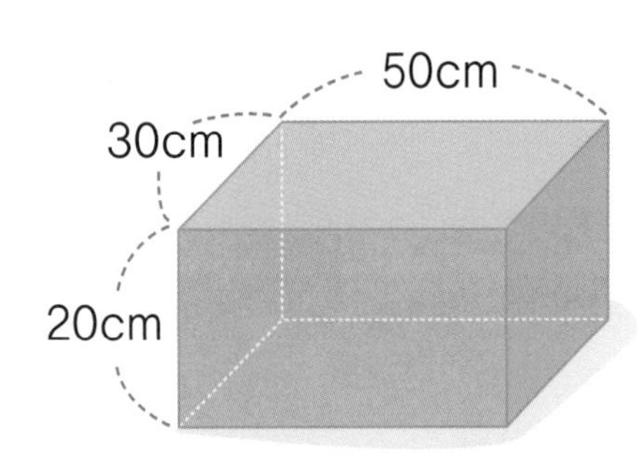


서술형

**2** 공리가 그린 전개도 중 몇 개가 잘못된 것 같아. 잘못된 전개도를 찾아보고 그 이유를 설명해 보렴.

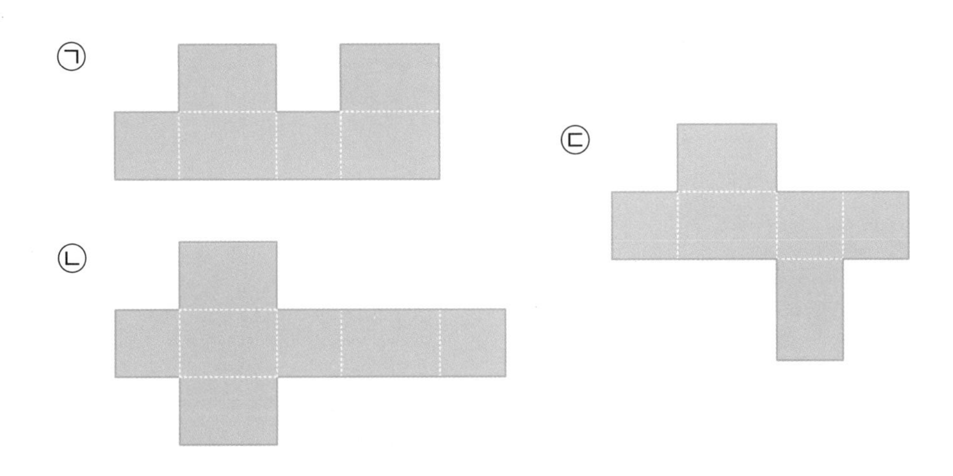

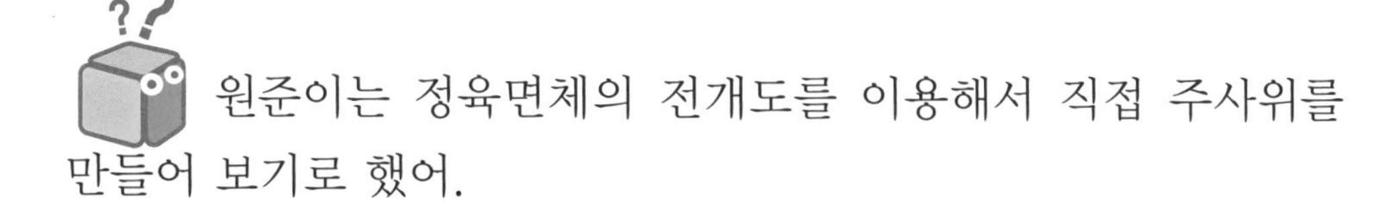

원준이는 정육면체의 전개도를 이용해서 직접 주사위를 만들어 보기로 했어.

**1** 원준이는 서로 평행인 두 면의 눈의 합이 7이 되도록 하고 싶대. 다음 전개도에 알맞은 눈을 그려 보렴.

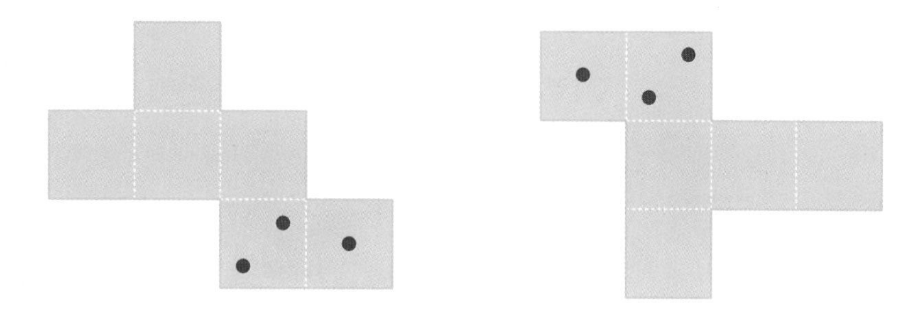

**2** 원준이가 그린 정육면체의 전개도와 모양이 다른 전개도를 2개 더 그리고, 주사위의 눈을 그려 넣어보렴.

**핵심 콕콕**

직육면체를 펼쳐서 평면에 그린 그림을 직육면체의 전개도라고 해. 전개도는 모서리를 어느 쪽으로 펼치느냐에 따라 다양한 모양이 나온단다.

이야기 수학 ③

# 생활 속에 숨어 있는 프랙탈

너희는 나무를 자세히 관찰해 본 적이 있니? 나무를 보면 굵은 줄기가 여러 가지로 나뉘고, 갈라진 가지는 작은 가지로, 작은 가지는 더 작은 가지로 나뉜다는 것을 알 수 있어. 이처럼 동일한 패턴이 반복되어 복잡한 하나의 구조를 이루는 형태를 '프랙탈(fractal)'이라고 한단다.

프랙탈이라는 개념을 이해하기 위해서는 '자기유사성'에 대해 알아야 해. 자기유사성이란, 일부가 전체를 닮는 것을 말해. 즉, 전체를 작은 조각으로 나누었을 때, 작은 조각이 전체의 모습과 비슷한 형태를 가진 것을 말하지. 프랙탈은 바로 이러한 자기유사성의 특성을 지닌 기하학적 형태야.

프랙탈을 본격적으로 연구한 사람은 프랑스의 수학자 '베노이트 만델브로(Benoit B. Mandelbrot)'야. 영국의 복잡한 해안지형을 관찰하던 만델브로는 영국을 둘러싼 해안선의 길이가 어떤 단위의 자로 재느냐에 따라 달라신다는 사실을 발견했어. 예를 들어 1센티미터의 자로 쟀을 때와 1미터의 자로 쟀을 때, 해안선의 길이가 서로 다르다는 거지.

◀ **프랙탈을 창조한 만델브로**

1924년 폴란드에서 태어난 만델브로는 어렸을 적부터 그림으로 수학 문제를 푸는 재능이 있었다. 이후 프랑스의 한 대학에서 수학과 공학을 전공했고, 프랙탈을 처음 소개해 프랙탈 기하학의 아버지로 불린다.

똑같은 해안선을 쟀는데 왜 길이가 다른 걸까? 구불구불한 해안선은 짧은 자일수록 굴곡이 심한 부분까지 더 자세히 측정할 수 있어. 그렇기 때문에 자의 길이가 짧아질수록 해안선의 길이는 더 길어지게 되지.

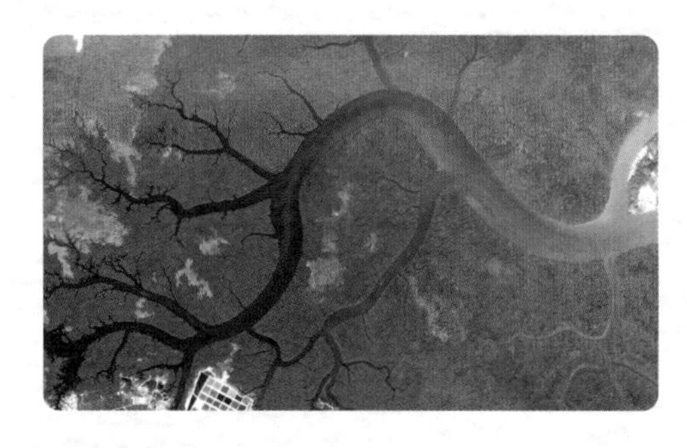

**▲ 프랙탈 형태의 강줄기**

강의 전체적인 모습은 지류의 모습과 비슷하다. 하나의 큰 강줄기가 작은 줄기로 뻗어나가는 구조를 반복하며 프랙탈 형태를 지니고 있다.

1967년, 만델브로는 「영국을 둘러싸고 있는 해안선의 총 길이는 얼마인가」라는 논문을 통해 프랙탈 이론을 학계에 소개했어. '프랙탈(fractal)'은 '쪼개다' 라는 뜻을 가진 그리스어 '프랙투스(fractus)' 에서 유래된 것이었지. 프랙탈 기하학은 이렇게 탄생했단다.

프랙탈은 자연 속에서도 흔히 발견돼. 나무, 브로콜리, 상추 잎에서도 프랙탈의 형태를 볼 수 있는데, 이것은 물과 영양분의 운반을 전체에 고르게 보내는 역할을 하지. 뇌를 비롯한 순환계, 신경계, 소화기관 등 우리 몸에서도 프랙탈을 찾을 수 있어. 프랙탈의 구조는 좁은 공간에 최대한의 세포를 배치할 수 있거든.

뿐만 아니라 예술 속에서도 프랙탈을 찾아볼 수 있어. 일정한 패턴으로 음이 반복되는 노래들이 대표적이지. 또, 기본적인 형태를 점점 늘리거나 반복해서 확장시키는 프랙탈 미술 역시 프랙탈 구조를 응용한 사례라고 할 수 있단다.

**▶ 에셔의 〈천국과 지옥〉**

네덜란드 화가 모리츠 코르넬리스 에셔가 프랙탈을 응용해 만든 작품이다. 검은 박쥐와 하얀 천사가 원의 중심에서 주변으로 갈수록 작아지며 연속적으로 반복된다.

날짜 20☆♡년 ♧월 △일 날씨 바람 약간

제목 신기한 뫼비우스의 띠

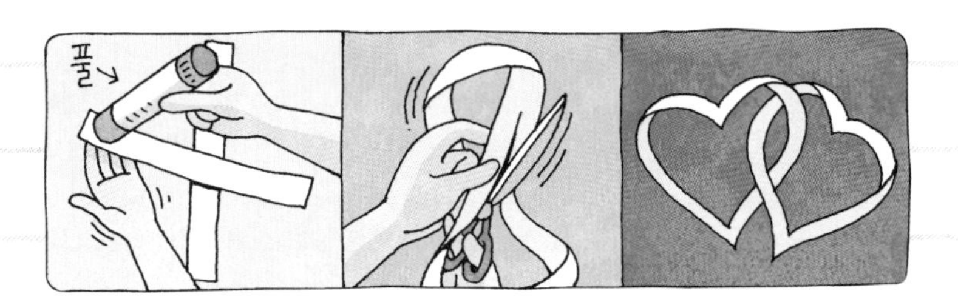


모든 면에는 안과 겉이 있는 줄 알았는데, 한쪽 면으로만 이루어진 도형도 있다는 것을 처음 알았다. 바로 '뫼비우스의 띠'이다.

뫼비우스의 띠는 안과 겉의 구분 없이 한 개의 면과 한 개의 끝점만을 가지고 있다. 그래서 어느 지점에서나 띠의 중심을 따라 이동하면 처음과 정반대의 면에 도착하고, 두 번 돌면 처음의 위치로 돌아온다.

만드는 법도 아주 간단하다. 길게 자른 종이를 한 번 꼰 뒤, 종이의 양 끝을 풀로 붙이면 끝! 나는 뫼비우스의 띠 가운데를 잘라 네 번 꼬인 두 개의 뫼비우스 띠로 하트 모양도 만들어 보았다.

뫼비우스의 띠는 독일의 수학자 '뫼비우스'가 발견한 띠야. 재활용 마크나 공장에서 쉴 새 없이 돌아가는 컨베이어 벨트는 바로 이 뫼비우스의 띠를 이용한 거란다.

5학년 1학기 평면도형의 둘레와 넓이
여러 가지 단위
넓이와 단위
냉장고, 주사위의 공통점과 차이점을 아니?
둘 다 평면 6개로 이루어진 입체도형이에요! 그런데 차이점은 뭐죠?
냉장고는 직사각형 6개로 둘러싸인 직육면체이고, 주사위는 정사각형 6개로 둘러싸인 정육면체예요.

# 누구의 방이 더 넓을까?

지금까지는 내가 좁은 방을 썼으니까 이번에 이사 가면 내가 넓은 방 쓸거야! 알겠지, 오빠?

좋아, 그럼 네가 먼저 선택해.

공준이와 공리가 새 집으로 이사 갈 생각에 무척 들떴구나! 넓은 방을 쓸 차례인 공리는 더욱 신이 났고 말이야. 그런데 공리가 직사각형 모양의 방을 선택하니까 오히려 공준이가 더 좋아하네. 과연 공리는 넓은 방을 제대로 선택한 걸까?

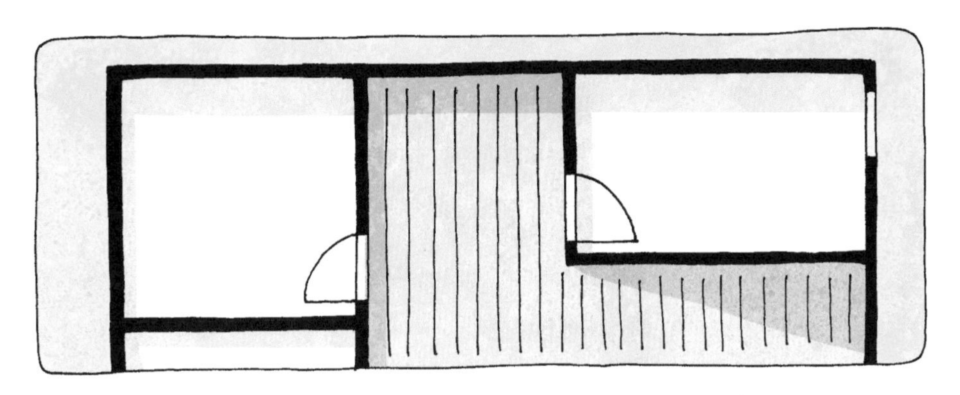

두 방은 언뜻 보기에 크기가 비슷해서 눈으로는 어느 방이 더 넓은지 비교할 수 없어. 이러한 경우에는 두 방의 넓이를 각각 구한 뒤 비교하면 더욱 정확하게 알 수 있단다. 모양이 다른 두 방의 넓이를 어떻게 구하냐고?

자, 이번 시간에는 직사각형과 정사각형, 다양한 평면도형의 넓이를 어떻게 구하는지 알아볼 거야. 그런 다음 넓이와 무게를 나타내는 여러 가지 단위에 대해서도 살펴보자.

### 개념 이어 보기

| 앞에서 배운 개념 | 이번에 배울 개념 | 뒤에서 배울 개념 |
|---|---|---|
| • 평면도형의 성질<br>• 길이의 단위 | • 평면도형의 둘레와 넓이<br>• 넓이와 무게의 단위 | • 원의 넓이<br>• 직육면체, 정육면체, 원기둥의 넓이 |

쏙쏙 개념 ⑧

5학년 1학기
평면도형의 둘레와 넓이

# 평면도형의 둘레와 넓이

## 직사각형의 둘레

새 집으로 이사 와서 기분이 좋은 공준이와 공리가 자신의 방을 스스로 꾸미고 정리하기로 했다는구나.

공준이와 공리는 마음에 드는 띠 벽지를 골라 각자의 방을 직접 꾸미기로 했어. 미래의 천문학자를 꿈꾸는 공준이는 태양계 그림, 유난히 동물을 좋아하는 공리는 강아지와 고양이 그림이 그려진 띠 벽지를 골랐지.

띠 벽지가 얼만큼 필요한지 알기 위해서는 각자 방의 둘레부터 알아야겠지? 그래서 공준이와 공리는 줄자로 방의 둘레를 재어 보았어.

공준이 방은 모든 면이 4m인 정사각형 모양이야. 그렇다면 공준이 방의 둘레는 4m+4m+4m+4m, 즉 $4 \times 4=16$m가 되겠구나. 반면 공리 방은 가로의 길이와 세로의 길이가 다른 직사각형 모양이야. 그러면 공리 방의 둘레는 5m+3m+5m+3m이니까, $(5+3) \times 2=16$m가 되는 셈이지.

직접 고른 띠 벽지로 방을 멋지게 꾸민 공준이와 공리는 원준이를 초대해 셋이 재미있게 놀았어.

네 변의 길이가
모두 같은
정사각형의 둘레는
(한 변의 길이)×4로
구하면 돼.

집에 돌아온 원준이가 무언가를 열심히 계산하고 있네?

아하! 원준이도 자신의 방을 띠 벽지로 근사하게 꾸미고 싶나봐. 원준이 방의 가로 길이는 5m, 세로 길이가 4m라면 얼만큼의 띠 벽지가 필요할까?

원준이 방의 둘레는 $(5+4) \times 2=18$이니까, 18m만큼의 띠 벽지가 필요하겠다.

직사각형의 둘레는
(가로 길이+세로
길이)×2로 구할 수
있단다.

# 직사각형의 넓이

이번에는 공리와 공준이가 아빠를 도와 욕실을 꾸미기로 했어. 예쁜 타일을 하나씩 하나씩 꼼꼼하게 붙여서 꾸며야 해. 바닥을 모두 붙인 아빠가 다른 일을 하시는 동안, 공리와 공준이는 한 가지 내기를 했지. 한 시간 안에 누가 타일을 더 넓게 붙이는지 말이야. 내기에서 진 사람은 타일을 다 붙이고 나서 욕실 정리를 맡기로 했대.

직사각형이나 정사각형의 넓이를 비교하는 방법은
① 겹쳐 보기
② 투명 종이 본을 떠서 비교하기
등이 있어.

공리와 공준이는 똑같은 타일로 욕실의 벽을 빈틈없이 붙여 나갔어. 한 시간이 지난 뒤, 공리는 타일을 가로로 5개씩 3줄을 붙였고, 공준이는 가로로 4개씩 4줄을 붙였어. 과연 누가 더 넓게 붙였을까?

똑같은 크기의 타일로 붙였으니 타일의 개수가 더 많은 사람이 더 넓게 붙인 것이겠지? 아래 그림을 보고 타일의 개수를 세어 보자.

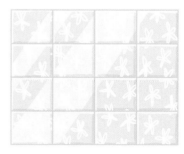

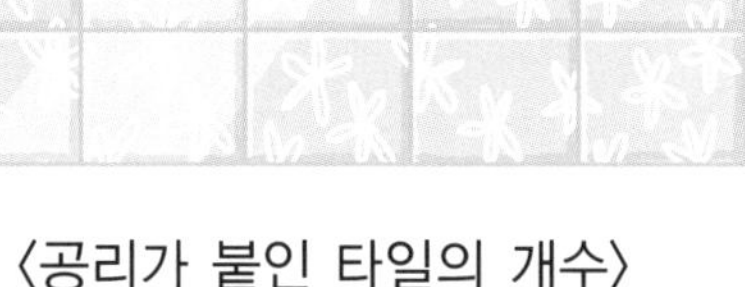

〈공리가 붙인 타일의 개수〉 〈공준이가 붙인 타일의 개수〉

그림을 보니 공리는 5개씩 3줄이니까 $5\times3=15$, 즉 15개의 타일을 붙였고, 공준이는 4개씩 4줄이니까 $4\times4=16$, 즉 16개의 타일을 붙였구나.

서로 다른 직사각형의 넓이를 어떻게 비교할 수 있을까?

각각의 모양대로 종이를 잘라 서로 겹쳐 본다고 해도 가로와 세로의 길이가 각각 다르면 비교하기 어려울 거야. 이러한 경우, 정확한 넓이를 알기 위해서는 단위넓이를 이용하면 된단다. 머릿속에 모눈종이를 떠올려 보고, 그 위에 직사각형 하나를 그려 보자. 이때, 직사각형의 넓이는 직사각형에 해당되는 모눈 칸의 개수이고, 이 모눈 칸 1개가 바로 단위넓이가 되는 거야. 단위넓이 중 가로 1cm, 세로 1cm인 정사각형의 넓이를 $1cm^2$라고 하고 1제곱센티미터라고 읽어. 자, 이 단위넓이를 이용해 아래 ㉮, ㉯, ㉰의 넓이를 각각 구해 볼까?

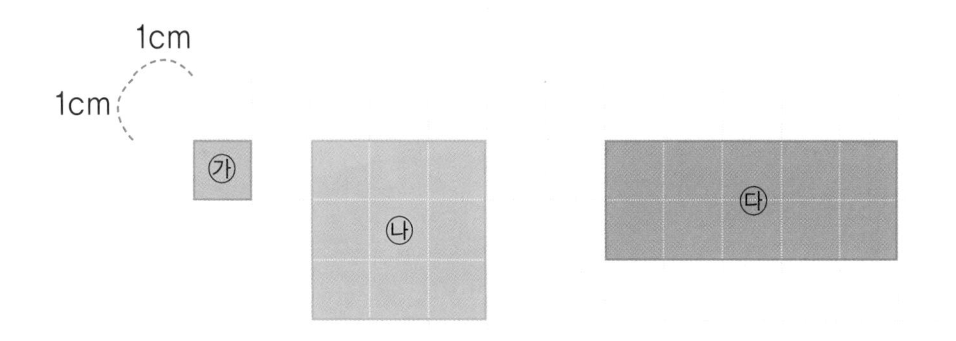

가로와 세로 길이의 단위가 cm(센티미터)인 직사각형의 넓이를 구하면, cm끼리 두 번 곱해져서 '제곱센티미터'라 부르는 거야.


단위넓이의 개수를 세어 보면 ㉮는 1개, ㉯는 9개, ㉰는 10개야. 즉 ㉮, ㉯, ㉰의 넓이는 각각 $1cm^2$, $9cm^2$, $10cm^2$가 되지.

그렇다면 이번에는 ㉮, ㉯, ㉰의 가로 길이와 세로 길이를 곱해 볼까? ㉮는 $1\times1=1cm^2$, ㉯는 $3\times3=9cm^2$, ㉰는 $5\times2=10cm^2$로 단위넓이의 개수를 세었을 때와 똑같아.

따라서 직사각형의 넓이는 (가로의 길이)×(세로의 길이)가 된단다.

## 누구의 방이 더 넓을까?

자, 이제 직사각형의 넓이를 구하는 방법을 알았으니 공리와 공준의 방 중 어느 방이 더 넓은지도 알 수 있겠지? 두 방의 정확한 넓이를 구한 뒤 비교해 보자.

공리 방은 가로가 5m, 세로가 3m인 직사각형 모양이고, 공준이 방은 한쪽 면이 4m인 정사각형 모양이야. 이때 가로 1m, 세로 1m인 정사각형의 단위넓이는 $1m^2$이고 1제곱미터라고 읽는단다.

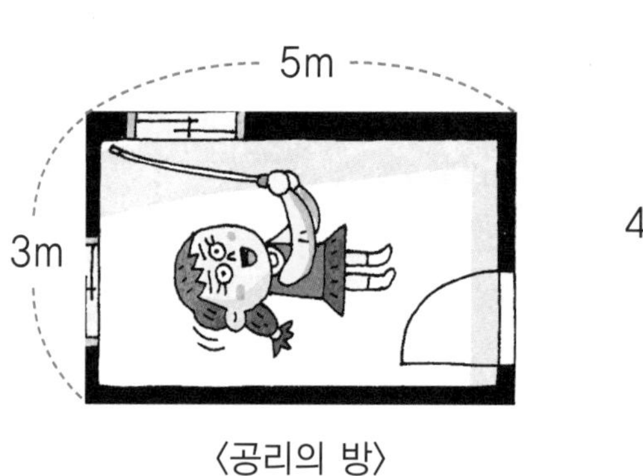


〈공리의 방〉

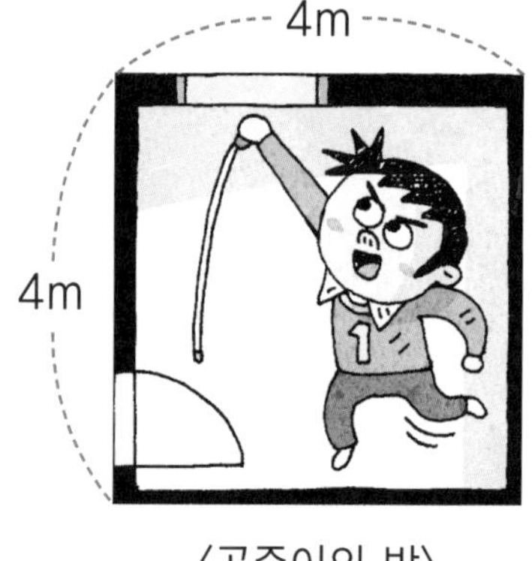


〈공준이의 방〉

단위가 달라졌어도 직사각형의 넓이를 구하는 방법은 같아. 먼저, 공리 방의 넓이는 가로가 5m이고 세로가 3m이니까 $5\times3=15m^2$야. 같은 방법으로 계산해 보니까 공준이 방의 넓이는 $4\times4=16m^2$로구나.

정확한 넓이를 비교해 보니, 공준이 방이 공리 방보다 $1m^2$ 더 크네. 공리가 직사각형의 넓이 구하는 방법을 알았더라면 더 큰 방을 선택할 수 있었을 텐데…. 참 아쉽겠다. 이제 확실히 알았으니 다음부터는 꼭 계산해 보고 선택하렴.

## 평행사변형의 넓이

공리와 원준이는 퍼즐 맞추기 놀이를 하면서 여러 가지 도형을 만들어 보다가 갑자기 궁금한 점이 생겼어.

단위넓이를 이용하면 직사각형이나 정사각형의 넓이는 금방 알 수 있는데, 평행사변형과 같은 도형의 넓이는 어떻게 구하는지 말이야. 평행사변형이 어떤 도형인지 잘 알고 있다면, 단위넓이를 이용해 평행사변형의 넓이도 쉽게 구할 수 있단다.

평행사변형에서 평행한 두 변을 '밑변', 두 밑변 사이의 거리를 '높이'라고 해.

ㄱ 밑변 ㄹ
높이
ㄴ 밑변 ㄷ

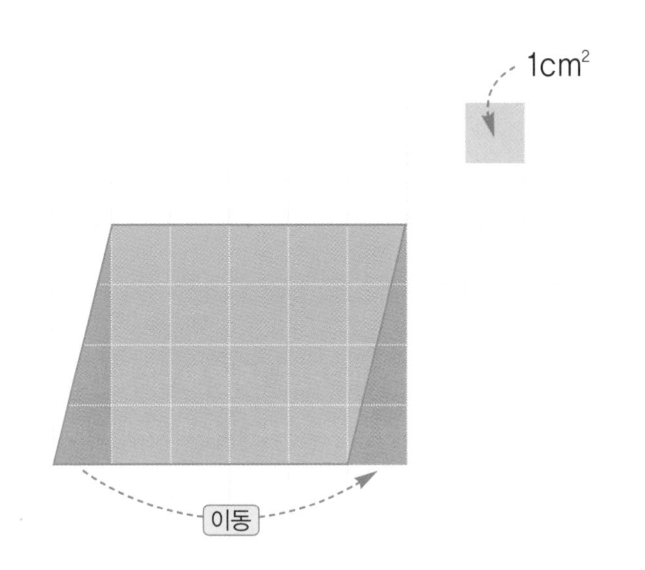


위의 그림처럼 평행사변형에 해당하는 1cm²인 단위넓이를 모두 찾아 점선으로 표시하면 2개의 직각삼각형이 남게 돼. 왼쪽의 직각삼각형을 오른쪽 직각삼각형 아래에 붙이면 1cm²인 단위넓이 20개의 넓이와 같아지므로 넓이는 20cm²야. 평행사변형의 넓이는 (밑변)×(높이)로도 구할 수 있어. 따라서 5×4=20cm²가 되는 거지.

# 삼각형의 넓이

: 단위넓이를 알면 삼각형의 넓이도 구할 수 있나요?

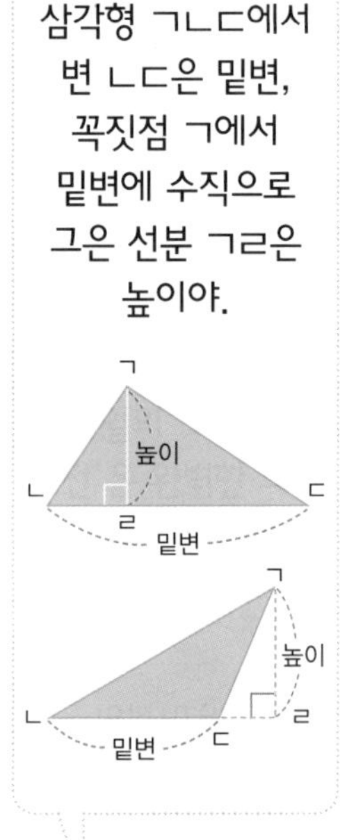

삼각형 ㄱㄴㄷ에서 변 ㄴㄷ은 밑변, 꼭짓점 ㄱ에서 밑변에 수직으로 그은 선분 ㄱㄹ은 높이야.
ㄱ
높이
ㄴ
ㄷ
ㄹ
밑변
ㄱ
높이
ㄴ
ㄷ
ㄹ
밑변


공리가 참 좋은 질문을 했구나. 맞아, 단위넓이를 이용하면 삼각형의 넓이도 쉽게 구할 수 있단다. 아래의 그림을 보고, 삼각형의 넓이를 함께 구해 보자.

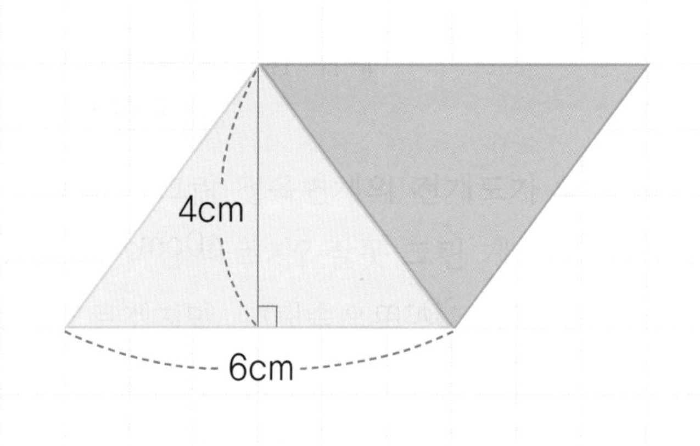

우선 주어진 삼각형과 합동인 삼각형을 그려서 전체 모양이 평행사변형이 되도록 만드는 거야. 평행사변형의 넓이는 (밑변)×(높이)이므로, $6\times4=24cm^2$가 되겠네. 그런데 잘 생각해 보렴. 이 평행사변형은 서로 합동인 두 개의 삼각형으로 만들어졌지? 그렇다면 이 평행사변형의 넓이를 반으로 나누면 삼각형 하나의 넓이가 되겠구나.

따라서 삼각형의 넓이는 $24\div2=12cm^2$야. 그런데 삼각형의 넓이를 구할 때마다 평행사변형을 만든다면 시간이 많이 걸릴 거야. 그럴 때에는 삼각형의 넓이=(밑변)×(높이)÷2로 구하면 된단다. 어때, 아주 간단하지?

## 사다리꼴의 넓이

마주 보는 한 쌍의 변이 평행한 사각형을 무엇이라고 하는지 기억하니? 그래, 사다리꼴이야. 사다리꼴에서 평행한 두 변을 밑변이라 하고, 밑변을 위치에 따라 윗변, 아랫변이라고 해. 그리고 두 밑변 사이의 거리를 높이라고 하지.

사다리꼴도 모눈종이 위에 그려 놓고 생각해 보자. 이 사다리꼴과 합동인 사다리꼴을 하나 더 그려서 전체의 모양이 평행사변형이 되도록 만들어 보렴.

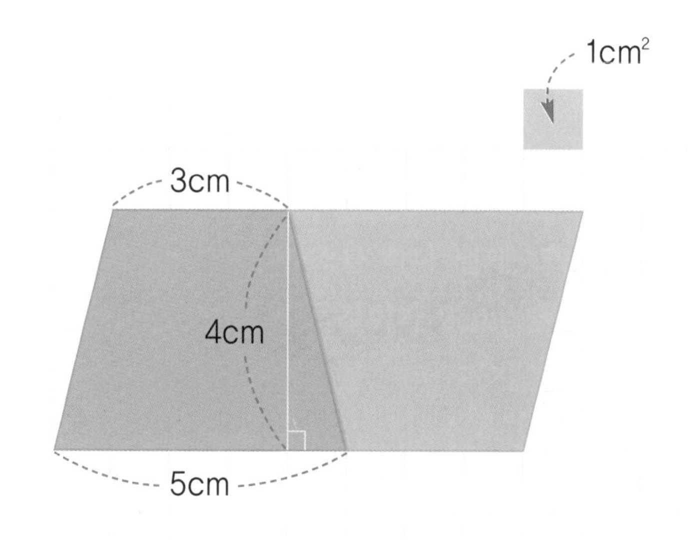


사다리꼴의 넓이를 구하는 방법은
① 대각선으로 나누어 삼각형 2개의 넓이를 각각 구한 다음 더하기.

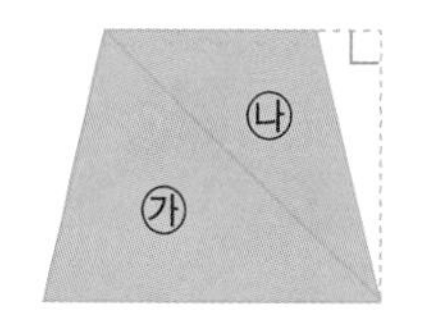


② 평행사변형과 삼각형으로 나누어 각각의 넓이를 구해 더하기.

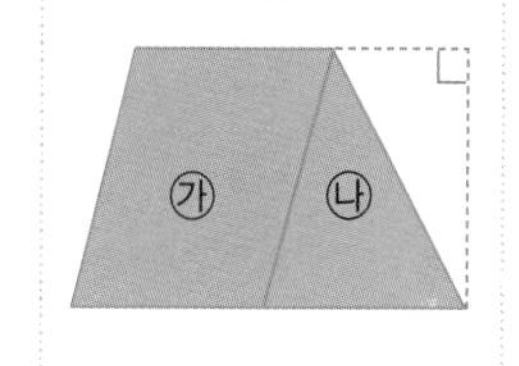

먼저 평행사변형의 넓이를 구하면, $8 \times 4 = 32cm^2$야. 이 평행사변형은 두 개의 사다리꼴로 만들어졌으니까 사다리꼴 하나의 넓이는 $32 \div 2 = 16cm^2$가 돼.

이와 같은 과정을 간단하게 정리하면, 사다리꼴의 넓이={(윗변+밑변)×높이}÷2가 된단다. 한번 계산해 볼까? $\{(3+5) \times 4\} \div 2 = 16cm^2$이야.

# 마름모의 넓이

평행사변형, 사다리꼴 말고 사각형의 종류에 또 뭐가 있지? 네 변의 길이가 같고, 두 쌍의 마주 보는 변이 서로 평행하는 사각형! 그래, 마름모야. 마름모의 넓이는 마름모를 삼각형 2개, 또는 삼각형 4개로 나눈 뒤 각각의 넓이를 더해서 구할 수 있어. 또, 마름모를 직사각형이나 평행사변형으로 만든 뒤 넓이를 구할 수도 있지.

그렇다면 아래의 마름모를 직사각형으로 만들어 넓이를 구해 보자.

마름모의 넓이를 삼각형 2개의 합으로도 구할 수 있어. 삼각형 ㉮의 넓이를 구한 다음 2를 곱해 주면 돼.
마름모의 넓이= $(8\times3\div2)\times2=$ $12\times2=24(cm^2)$

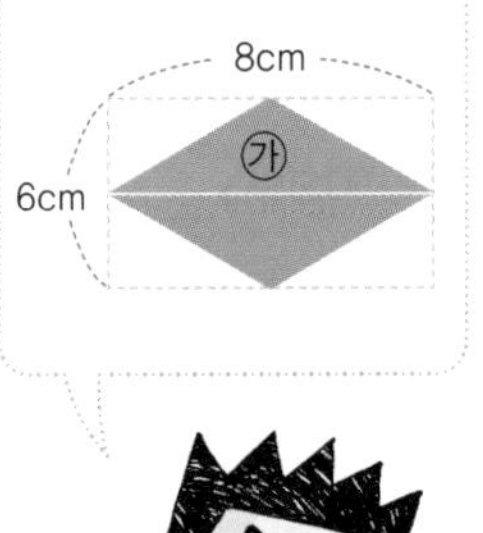

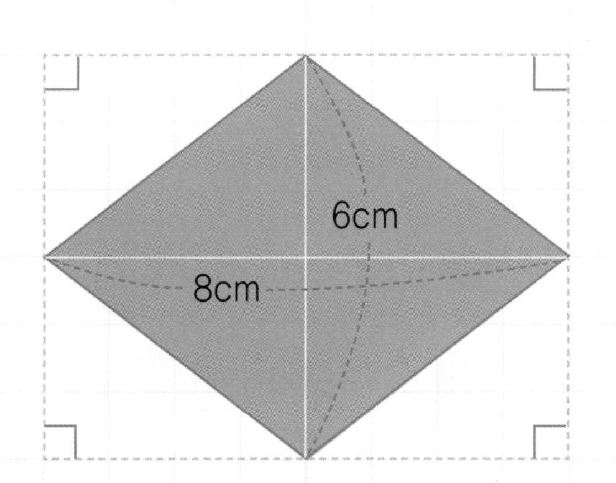


먼저, 선을 그어 마름모를 직사각형으로 만든 뒤 직사각형의 넓이를 구하면 돼. 직사각형의 넓이는 (가로의 길이)×(세로의 길이)이니까, $8\times6=48cm^2$야. 그런데 마름모의 넓이는 직사각형의 반이므로 $48\div2=24cm^2$가 돼.

위에서 직사각형의 가로 길이와 세로 길이는 바로 마름모의 대각선 길이야. 따라서 마름모의 넓이는 (한 대각선의 길이)×(다른 대각선의 길이)÷2로 구할 수 있단다.

## 화단의 넓이 구하기

드디어 즐거운 주말! 공리와 원준이는 집 근처 공원에 갔어. 주말 과제가 바로 공원에 있는 화단의 넓이를 구하는 것이거든. 화단은 커다란 직사각형 모양이야. 그렇다면 화단의 넓이는 어떻게 구할 수 있을까?

우선, 공리와 원준이는 긴 줄자를 이용해 화단의 가로와 세로의 길이를 재었어. 화단의 가로 길이는 50m, 세로 길이는 24m야.

화단이 너무 커서 길이를 재는 데 조금 오래 걸렸지만, 넓이는 금방 구할 수 있었어. 직사각형의 넓이는 (가로의 길이)×(세로의 길이)이니까, 이 공식을 그대로 적용하면 화단의 넓이는 $50\times24=1200\text{m}^2$야.

# 더 큰 넓이 나타내기

그럼 화단보다 더 넓은 운동장이나, 우리가 사는 지역의 땅 넓이는 어떻게 나타낼 수 있을까? 길이와 시간, 들이와 무게의 여러 단위처럼, 넓이의 단위도 필요에 따라 여러 가지가 있어. 예를 들어 색종이나 도화지 등의 길이는 cm로 나타내는 게 간단하고, 교실이나 화단 등의 길이는 m로 나타내는 게 편리하지. 그래서 각각의 넓이도 $cm^2$와 $m^2$로 나타내는 거야.

도시나 국토와 같은 더 큰 면적은 $km^2$(제곱킬로미터)로 나타낸단다. $m^2$와 $km^2$사이에는 a(아르)와 ha(헥타르)라는 것이 있어. 1a는 $100m^2$이고 1ha는 100a와 같아.

지난번 뉴스에서 산불로 인한 피해 면적이 5ha라고 보도했던 적이 있어. 1ha가 $10000m^2$라면, 5ha는 $50000m^2$이니까 어느 정도의 면적인지 짐작이 가지? 단위가 커질수록 복잡하게 느껴지겠지만, 이러한 단위들은 실제 생활 속에서 매우 유용하게 쓰인단다.

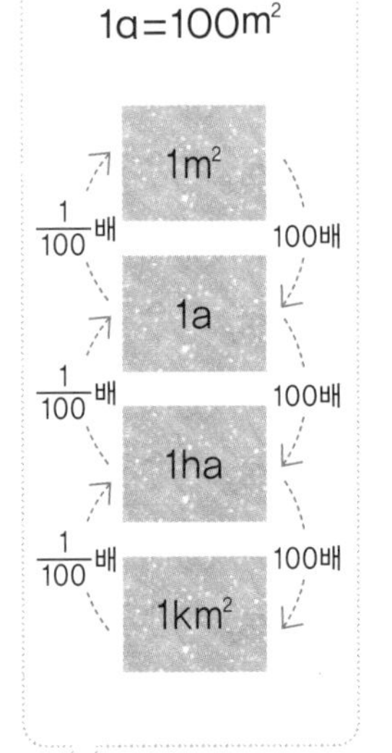

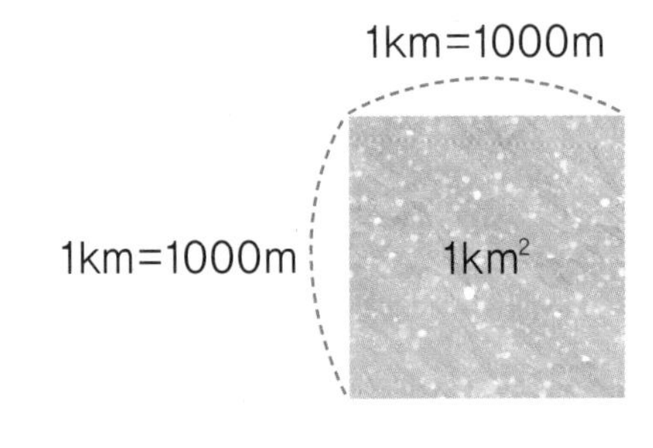


$$1km^2 = 1km \times 1km = 1000m \times 1000m = 1000000m^2$$

$$1km^2 = 100ha = 10000a$$

## 무게의 단위

과제를 마친 공리와 원준이는 공리네 삼촌이 일하는 과수원에 갔어. 사과나무에는 빨간 사과가 탐스럽게 열려 있었지. 공리와 원준이는 빨갛게 잘 익은 사과를 따서 바구니에 담는 일을 도왔어.

사과 따는 일을 마치자 이번에는 사과를 상자에 담는 일을 했어. 저울 위에 상자를 올려 놓은 다음, 사과를 10kg씩 담았지. 땀을 뻘뻘 흘리며 온종일 일했지만, 트럭에 가득 실린 사과 상자들을 보니 공리와 원준이는 몹시 뿌듯했어.

그런데 원준이는 문득 한 가지 궁금한 게 생겼어. 트럭에 실린 사과 상자의 무게는 총 몇 kg일까? 사과 상자는 총 200박스이고 상자 한 박스가 10kg이니까, 200×10=2000kg이겠구나.

무게 단위도 넓이 단위처럼 큰 단위가 있단다. 1000kg의 무게를 1t이라 쓰고 1톤이라고 읽어. 따라서 사과 상자의 무게는 2000kg이니까 2t으로 간단하게 나타낼 수 있지.

귀금속의 무게를 잴 때 쓰는 단위인 '돈'은 한 돈에 약 3.75g으로, 동전 한 개의 무게에서 유래했대.

다음은 공리네 삼촌이 일하는 과수원의 설계도야.

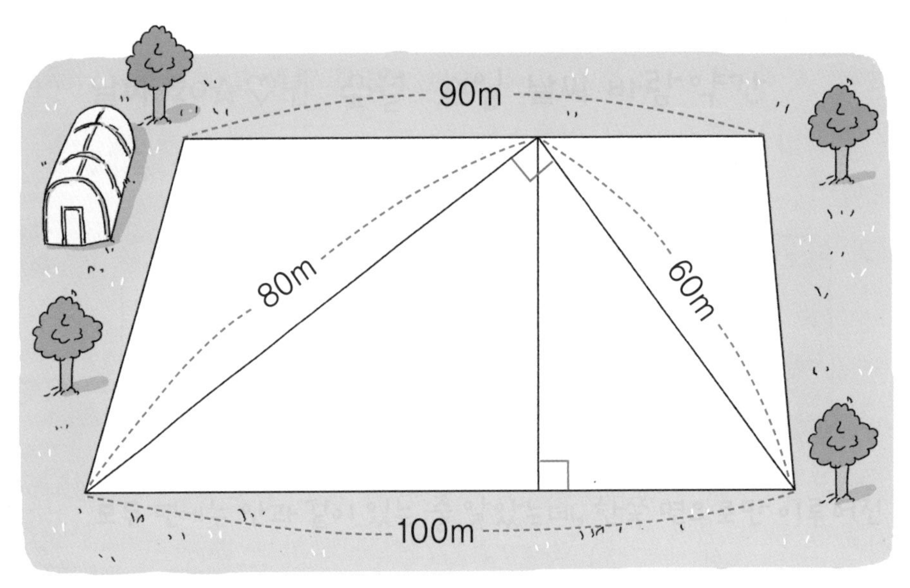


**1** 과수원 전체의 넓이를 구하려면 높이를 알아야 해. 사다리꼴 모양인 과수원의 높이를 구해 보렴.

**2** 과수원 전체의 넓이를 구해 보자.

원준이네 할아버지 댁은 바닷가 마을인데 염전이 많다는구나. 염전은 바닷물을 모아 막아 놓고 햇빛과 바람 등으로 바닷물을 증발시켜 소금을 만드는 곳이야.

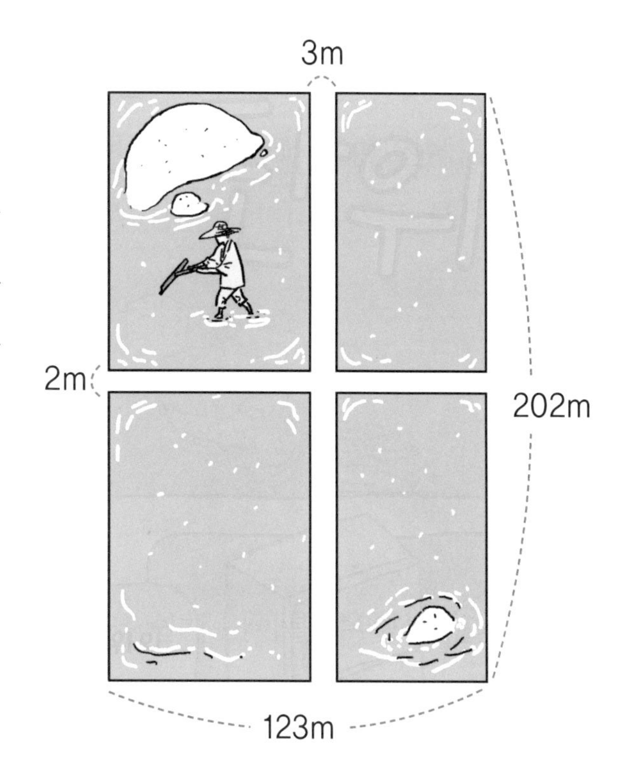


1 위의 그림에서 파란색 부분은 염전이고, 그사이에 길이 있어. 염전의 총 넓이는 몇 a인지 구해 보렴.

2 원준이네 할아버지가 일하고 계시는 염전은 넓이가 36a이고, 세로의 길이가 45m야. 그렇다면 가로의 길이는 몇 m인지 구해 보자.

원준이네 할아버지 마을에 소금 축제가 열린대. 축제에 필요한 행사 진열대가 아래의 두 가지 모양으로 배치됐어. ㉮는 흰색, ㉯는 파란색 천으로 각각 색칠된 부분을 덮으려고 해.

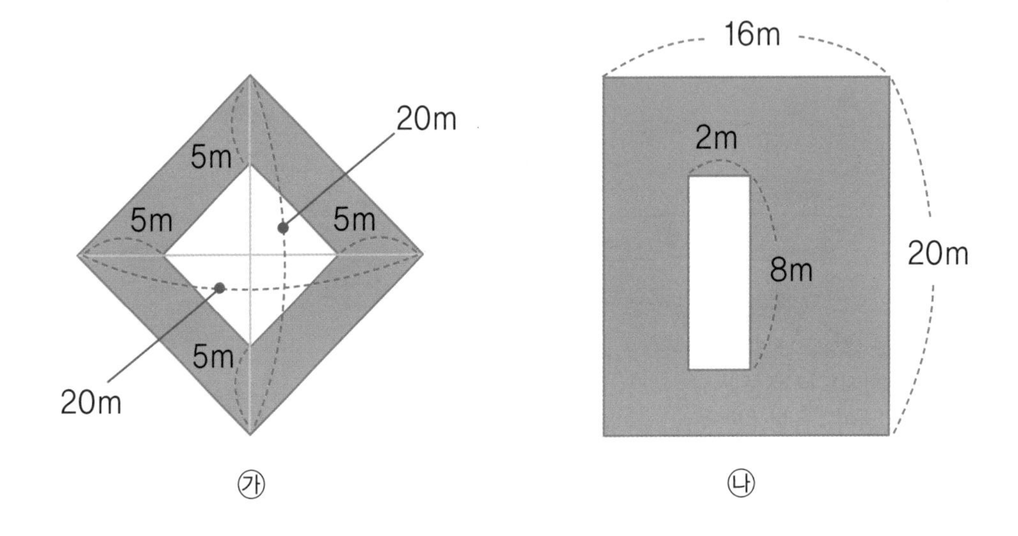


**1** ㉮와 ㉯에 필요한 천의 넓이를 각각 구해 보자.

**2** 구한 천의 넓이를 각각 $cm^2$로 나타내렴.

공리네 가족은 숲 캠핑을 갔어. 잘 가꾼 숲은 평균 1ha당 16t의 이산화탄소를 흡수하고, 12t의 산소를 생산한대. 숲 해설가의 말을 들으니 공리는 숲이 무척 신기했어.

1 이 숲의 규모는 3ha야. 만약 $3m^2$당 나무가 한 그루씩 심어져 있다면 숲에 있는 나무는 모두 몇 그루일까?

2 숲 1a에서 생산되는 산소의 양은 몇 kg인지 설명해 보렴.

**핵심 콕콕**

- 넓이 단위
  - 1ha=100a
  - 1a=0.01ha
  - $1km^2$=100ha
  - 1ha=$0.01km^2$
  - 1a=$100m^2$
  - $1m^2$=0.01a
- 무게 단위
  - 1t=1000kg

# 미터법은 어떻게 정해졌을까?

우리가 현재 쓰고 있는 길이, 넓이, 부피, 무게의 단위는 전 세계가 공통으로 쓰는 단위야. 길이는 미터, 부피는 리터, 무게는 킬로그램을 기본 단위로 하지. 이런 도량형법을 '미터법'이라고 해. 미터법은 언제, 누가 정한 것일까?

18세기 말 프랑스 파리에서 학자들은 백 년, 천 년이 지나도 변하지 않는 길이를 고민하다 1m의 길이를 정하게 되었어. 그리고 1m의 길이를 나타내는 자를 만들었는데, 이것이 '미터원기'야. 미터원기는 다른 금속에 비해 변형이 잘 되지 않는 백금으로 만들었지. 이 미터원기가 바로 미터법의 시초가 되었단다.

이후 길이뿐만 아니라 무게의 기본 단위도 정해졌어. 물의 온도가 약 4도일 때, 가로 · 세로 · 높이가 각각 10센티미터인 부피의 물을 1kg로, 넓이의 기본 단위는 $1m^2$로 정했지.

또한 1983년에는 1m를 빛이 1초 동안에 나아가는 거리의 2억 9천 9백 7십 9만 2천 4백 5십 8분의 1로 바꾸었어. 그럼 1m를 기본으로 하는 길이의 단위들을 살펴볼까?

| 기호 | 읽는 법 | 크기(단위:미터) | 기호 | 읽는 법 | 크기(단위:미터) |
|---|---|---|---|---|---|
| 광년 | 광년 | 9,460,800,000,000,000 | mm | 밀리미터 | 0.001(1000분의 일) |
| M,nm | 해리 | 1852 | μ | 미크론 | 0.000001(백만 분의 일) |
| km | 킬로미터 | 1,000(1000배) | mμ | 밀리미크론 | 0.000000001(십억 분의 일) |
| m | 미터 | 1 | Å | 옹그스트롬 | 0.0000000001(백억 분의 일) |
| cm | 센티미터 | 0.01(100분의 일) | | | |

그렇다면 광년(光年)은 무엇일까?

광년은 빛이 일 년 동안 나아가는 거리를 뜻해. 빛은 1초 동안에 약 30만 km를 나아가니까 일 년 동안 나아가는 거리는 엄청나겠지. 그 거리를 m로 바꾸면 약 9460조 8천억 m나 돼. 상상이 되니?

이번에는 1kg을 기본으로 하는 무게의 단위들을 살펴보자.

| 기호 | 읽는 법 | 크기(단위 : 킬로그램) | 기호 | 읽는 법 | 크기(단위 : 킬로그램) |
|---|---|---|---|---|---|
| Mt | 메가톤 | 1,000,000,000(1억 배) | g | 그램 | 0.001(1000배) |
| t | 톤 | 1,000(1000배) | mg | 밀리그램 | 0.000001(백만 분의 일) |
| kg | 킬로그램 | 1 | ct, car | 캐럿 | 0.0002(오천 분의 일) |

우리나라는 1948년부터 미터법과 국제단위계를 표준 계량 단위로 지정하여 사용하고 있지만, 넓이를 나타내는 '평', '마지기' 등과 금속의 질량을 나타내는 '돈', 식품의 질량을 나타내는 '근' 등의 단위를 사용하는 경우가 아직도 많아. 옷의 치수는 '마'와 '인치', 바다에서의 거리는 '마일'이나 '야드'를 사용하는 경우가 많고, 항공기의 고도를 측정할 때는 '피트'를 많이 사용하지.

이처럼 단위는 사람들의 다양한 필요와 삶의 변화에 따라 사용되고 있단다.

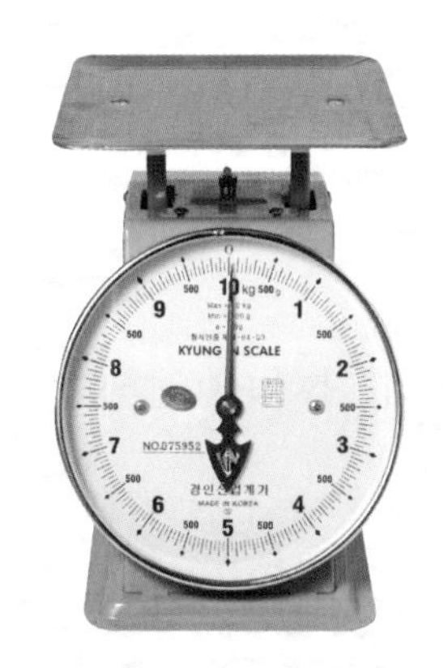

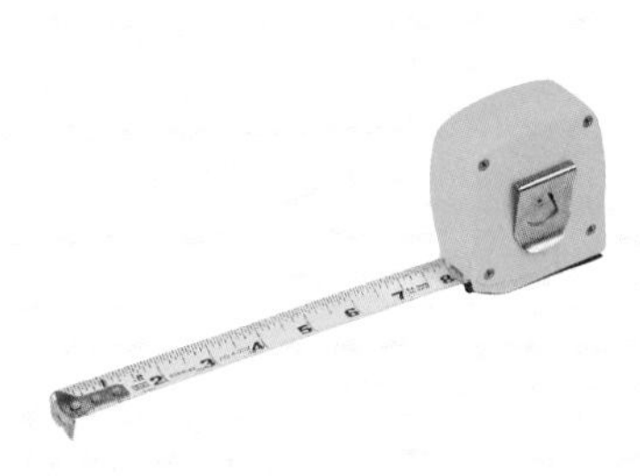

날짜 20☆♡년 ♧월 △일 날씨 맑음

제목 점점 작아지는 시어핀스키 삼각형

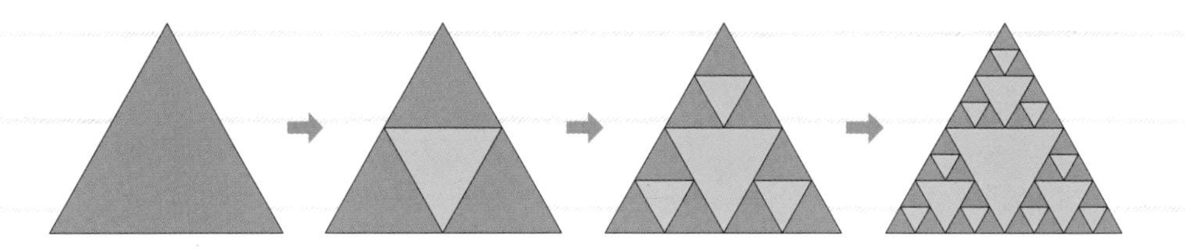

오늘 수학 시간에 신기한 삼각형을 그렸다. 보통은 삼각형의 개수가 늘어나면 둘레와 넓이도 함께 늘어나야 되는데, 둘레의 합이 점점 커지면 넓이의 합은 점점 작아지는 삼각형이 있었다!

바로 폴란드의 한 수학자가 만든 '시어핀스키 삼각형'이다.

삼각형 안에 삼각형을 그리면 그릴수록 선의 개수가 늘어나서 둘레의 길이는 늘어나는데, 색칠한 부분의 넓이는 점점 작아졌다. 이 과정을 계속 반복하면 삼각형의 넓이는 0에 가까워진다고 한다. 내가 알던 상식을 깨는 신기한 삼각형이 매우 흥미롭다. 역시 수학의 세계는 알면 알수록 신비롭구나.

시어핀스키 삼각형을 그리는 방법은 간단해. 정삼각형을 하나 그린 다음에 각 변의 가운데 점을 연결해서 합동인 삼각형 4개를 만드는 거야.

5학년 2학기 자료의 표현
자료의 표현
이번 시험에서
수학 평균 80점이 넘으면
선생님이 피자 사줄게!
선생님, 그런데
평균을 어떻게
알 수 있어요?
평균은 가짓수가 많은
어떤 정도의 기준이 되는
중간 값이야.
78+81+79=
238÷3=79

# 평균의 함정

이번 어버이날 어디서 식사할까? 이 근처에 괜찮은 식당이 있다고 들었는데….
앗, 저기다!
호텔중식당 어버이날 특별이벤트! 테이블당 평균 나이가 40세이상 이면 4%할인

엄마! 할머니, 할아버지 모시고 갈거죠? 우리 저기로 가요!
저기는 가격이 비싸서 이벤트를 해도 우리는 해당 안 돼.

잠시후

오빠, 도대체 엄마를 어떻게 설득한 거야?

할머니께 친한 친구 한 분만 모셔 오시라고 했어. 요즘 시골로 귀농하신 분들의 평균 연령이 57세래. 할인도 받고, 어른들 대접도 하고 일석이조지!

41+43+12+12+60+64+57=289. 289÷7=41.285. 반올림을 해도 41, 버림을 해도 41.

아~ 벌써부터 배부르다!

5월8일점심, 식당안

얘가 나랑 제일 친한 친구란다. 말도 잘하고, 춤도 잘 추고, 노래도 잘하는 아주 재미있는 친구야!

8살의 꼬마

41+43+12+12+60+64+8=240 240÷7=34.285… 으악, 한참 모자라네!

저런, 우리 공준이의 예상이 완전히 빗나갔구나. 공준이가 시골 사람들의 실제 나이는 조사해 보지 않고, 평균 연령만 생각했기 때문이야.

그런데, 너희 혹시 뉴스 봤니? 경기도 지역에서 규모 3.0의 지진이 발생했다는 소식이었는데, 한반도에서도 지진이 일어났다니 조금 의외였어. 한반도는 과연 지진으로부터 무사한 걸까? 선생님과 기상청 홈페이지에 들어가 지진과 관련된 자료들을 보면서 여러 가지 자료의 표현과 해석에 대해 알아보자.

 **개념 이어 보기**

| 앞에서 배운 개념 | 이번에 배울 개념 | 뒤에서 배울 개념 |
|---|---|---|
| • 막대그래프, 꺾은선그래프, 규칙과 문제 해결 | • 자료의 표현과 해석<br>• 그림그래프<br>• 평균<br>• 가능성 | • 띠그래프<br>• 원그래프<br>• 정비례, 반비례 |

쏙쏙 개념 ⑨

5학년 2학기
자료의 표현

# 자료의 표현

## 동일본 대지진의 기록

동일본 대지진은 9.0규모의 강력한 지진이었어. 1960년 9.5의 칠레 대지진, 1964년 9.2의 알래스카 지진, 2004년 9.1의 인도네시아 수마트라 지진에 이어 1900년 이후 세계에서 네 번째로 강력한 지진으로 기록되었대.

2011년 3월 11일은 일본 관측 사상 최대 규모의 동일본 대지진이 일어난 날이야. 이 대지진은 대규모 지진 해일인 쓰나미까지 몰고 왔지. 이 쓰나미는 건물 붕괴와 큰 화재를 일으켰을 뿐 아니라, 후쿠시마 원전을 덮쳐 전원 공급이 중단되면서 최악의 방사능 누출 사고까지 발생했어.

동일본 대지진은 우리나라에도 영향을 끼쳤어. 쓰나미 발생 이후 울릉도가 5cm, 한반도 내륙 지역이 2cm 정도 각각 서쪽으로 밀려나는 등의 지각 변동이 있었고, 약 일 년 반 동안 우리나라에서도 크고 작은 지진이 잇달았단다.

이를 계기로 기상청은 지진학계, 도시공학계, 심리학계, 산업계 등 여러 분야의 전문가들을 초청해서 지진에 대비하기 위한 '한반도 지진 대응 포럼'을 열기도 했지.

지진의 규모는 보통 '리히터 지진계'를 통해 측정한 수치로 나타나. 수치 하나가 올라갈 때마다 규모는 10배씩 증가하고, 지진 에너지는 약 30배가 된다고 해.

지진의 진동 정도를 가리켜 '진도'라고 하는데, 흔히 진도는 지역에 따라 느껴지는 진동의 세기 또는 피해 정도를 나타낼 때 쓰지. 우리나라에서 사용하는 진도는 1~12단계까지 있는데, 일반적인 '리히터 규모'와 '수정 메르칼리 진도'의 지진 피해를 표로 나타내면 아래와 같단다.

〈우리나라의 리히터 규모와 수정 메르칼리 진도〉

| 리히터 규모 | 수정메르칼리 진도 | 피해 상황 |
|---|---|---|
| 3.4이하 | I | 인체의 감지는 어렵고, 지진계로만 알 수 있음 |
| 3.5~4.2 | II, III | 일부 사람만이 진동을 느낌 |
| 4.3~4.8 | IV | 많은 사람들이 진동을 느끼며, 창문이 흔들림 |
| 4.9~5.4 | V | 모두가 진동을 느끼며, 그릇과 창문이 깨짐 |
| 5.5~6.1 | VI, VII | 경미한 건물의 피해 : 건물 벽에 균열이 생김 |
| 6.2~6.9 | VIII, IX | 상당한 건물의 피해 : 일반 건축물 · 특수 설계 건축물 붕괴, 굴뚝이 무너짐 |
| 7.0~7.3 | X | 심한 건물의 피해 : 교량이 뒤틀리고, 벽이 파괴됨 |
| 7.4~7.9 | XI | 대규모 피해 : 거의 모든 건축물 파괴, 철로가 휘어짐 |
| 8.0이상 | XII | 완전 파괴 : 육안으로 지표면상에서 파동이 보이며, 물체가 공중으로 날아감 |

우리나라는 일본
기상청의 진도 계급을
사용해 오다가 2001년
1월부터 미국의
'수정 메르칼리 진도'
계급을 도입해서
사용하고 있단다.

# 그래프를 통해 알 수 있는 사실

과연 우리나라는 지진으로부터 안전할까?

기상청 홈페이지에 들어가 보면, 1978년부터 2012년 사이에 국내에서 발생한 규모 3 이상의 지진 횟수를 나타낸 막대그래프와 유감지진, 지진 발생 총 횟수를 각각 파란색과 보라색으로 표시한 꺾은선그래프가 있어. '유감지진' 이란 사람이 뚜렷이 느낄 수 있는 정도의 지진을 말하지.

막대그래프는 자료의 크기를 막대 모양의 길이로 나타내서 알아보기 쉬워. 또, 수량의 많고 적음이나 늘어나고 줄어드는 양, 크고 작음을 비교하기에도 딱 좋지!

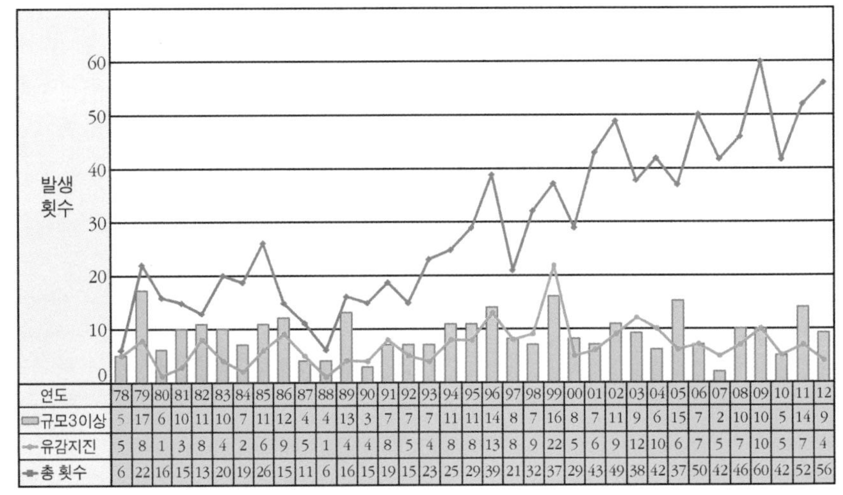


| 연도 | 78 | 79 | 80 | 81 | 82 | 83 | 84 | 85 | 86 | 87 | 88 | 89 | 90 | 91 | 92 | 93 | 94 |
|---|---|---|---|---|---|---|---|---|---|---|---|---|---|---|---|---|---|
| 규모3이상 | 5 | 17 | 6 | 10 | 11 | 10 | 7 | 11 | 12 | 4 | 4 | 13 | 3 | 7 | 7 | 7 | 11 |
| 유감지진 | 5 | 8 | 1 | 3 | 8 | 4 | 2 | 6 | 9 | 5 | 1 | 4 | 4 | 8 | 5 | 4 | 8 |
| 총 횟수 | 6 | 22 | 16 | 15 | 13 | 20 | 19 | 26 | 15 | 11 | 6 | 16 | 15 | 19 | 15 | 23 | 25 |

| 연도 | 95 | 96 | 97 | 98 | 99 | 00 | 01 | 02 | 03 | 04 | 05 | 06 | 07 | 08 | 09 | 10 | 11 | 12 |
|---|---|---|---|---|---|---|---|---|---|---|---|---|---|---|---|---|---|---|
| 규모3이상 | 11 | 14 | 8 | 7 | 16 | 8 | 7 | 11 | 9 | 6 | 15 | 7 | 2 | 10 | 10 | 5 | 14 | 9 |
| 유감지진 | 8 | 13 | 8 | 9 | 22 | 5 | 6 | 9 | 12 | 10 | 6 | 7 | 5 | 7 | 10 | 5 | 7 | 4 |
| 총 횟수 | 29 | 39 | 21 | 32 | 37 | 29 | 43 | 49 | 38 | 42 | 37 | 50 | 42 | 46 | 60 | 42 | 52 | 56 |

우선 빨간색 막대그래프를 보면, 규모 3 이상의 지진이 해마다 꾸준히 발생했다는 걸 알 수 있어. 1990년과 2007년에는 막대의 길이가 짧은 걸로 보아 규모 3 이상의 지진이 거의 없었고, 1979년, 1989년, 1996년, 1999년, 2005년, 2011년에는 막대의 길이가 긴 걸로 보아 규모 3 이상의 지진이 제법 있었다는 사실을 알 수 있지.

이번에는 꺾은선그래프를 살펴보자. 연도별 유감지진 횟수를 나타내는 파란색 꺾은선그래프를 보면, 2~3년마다 유감지진의 횟수가 아주 조금씩 늘어나거나 줄어들다가, 1999년에는 큰 폭으로 늘어났다가 다시 줄어들어 원래대로 돌아간 것을 알 수 있어.

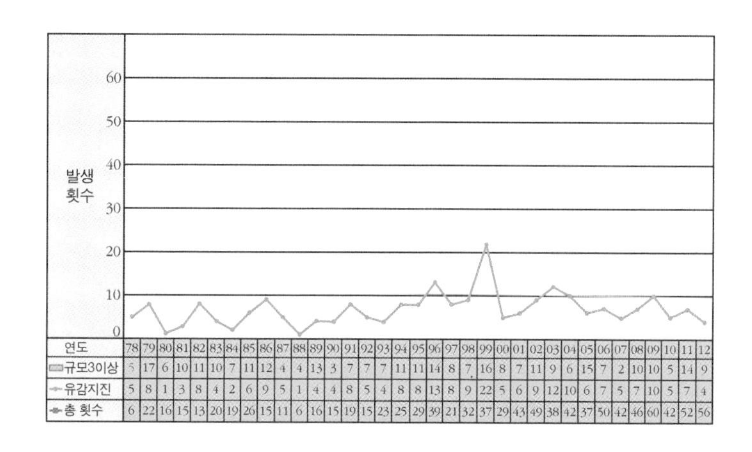


| 연도 | 78 | 79 | 80 | 81 | 82 | 83 | 84 | 85 | 86 | 87 | 88 | 89 | 90 | 91 | 92 | 93 | 94 | 95 |
|---|---|---|---|---|---|---|---|---|---|---|---|---|---|---|---|---|---|---|
| 규모3이상 | 5 | 17 | 6 | 10 | 11 | 10 | 7 | 11 | 12 | 4 | 4 | 13 | 3 | 7 | 7 | 7 | 11 | 11 |
| 유감지진 | 5 | 8 | 1 | 3 | 8 | 4 | 2 | 6 | 9 | 5 | 1 | 4 | 4 | 8 | 5 | 4 | 8 | 8 |
| 총 횟수 | 6 | 22 | 16 | 15 | 13 | 20 | 19 | 26 | 15 | 11 | 6 | 16 | 15 | 19 | 15 | 23 | 25 | 29 |

| 연도 | 96 | 97 | 98 | 99 | 00 | 01 | 02 | 03 | 04 | 05 | 06 | 07 | 08 | 09 | 10 | 11 | 12 |
|---|---|---|---|---|---|---|---|---|---|---|---|---|---|---|---|---|---|
| 규모3이상 | 14 | 8 | 7 | 16 | 8 | 7 | 11 | 9 | 6 | 15 | 7 | 2 | 10 | 10 | 5 | 14 | 9 |
| 유감지진 | 13 | 8 | 9 | 22 | 5 | 6 | 9 | 12 | 10 | 6 | 7 | 5 | 7 | 10 | 5 | 7 | 4 |
| 총 횟수 | 39 | 21 | 32 | 37 | 29 | 43 | 49 | 38 | 42 | 37 | 50 | 42 | 46 | 60 | 42 | 52 | 56 |

다음으로 연도별 지진 발생 총 횟수를 나타내는 보라색 꺾은선그래프를 보자. 횟수가 늘어났다 줄어들었다 하지만, 유감지진 횟수와는 조금 다르게 지진이 발생하는 총 횟수가 점차 증가하고 있는 게 보이지? 최근 10년간 그래프의 꺾은선 높이가 거의 두 배 가까이 높아졌어.

발생 횟수


| 연도 | 78 | 79 | 80 | 81 | 82 | 83 | 84 | 85 | 86 | 87 | 88 | 89 | 90 | 91 | 92 | 93 | 94 | 95 |
|---|---|---|---|---|---|---|---|---|---|---|---|---|---|---|---|---|---|---|
| 규모3이상 | 5 | 17 | 6 | 10 | 11 | 10 | 7 | 11 | 12 | 4 | 4 | 13 | 3 | 7 | 7 | 7 | 11 | 11 |
| 유감지진 | 5 | 8 | 1 | 3 | 8 | 4 | 2 | 6 | 9 | 5 | 1 | 4 | 4 | 8 | 5 | 4 | 8 | 8 |
| 총 횟수 | 6 | 22 | 16 | 15 | 13 | 20 | 19 | 26 | 15 | 11 | 6 | 16 | 15 | 19 | 15 | 23 | 25 | 29 |

| 연도 | 96 | 97 | 98 | 99 | 00 | 01 | 02 | 03 | 04 | 05 | 06 | 07 | 08 | 09 | 10 | 11 | 12 |
|---|---|---|---|---|---|---|---|---|---|---|---|---|---|---|---|---|---|
| 규모3이상 | 14 | 8 | 7 | 16 | 8 | 7 | 11 | 9 | 6 | 15 | 7 | 2 | 10 | 10 | 5 | 14 | 9 |
| 유감지진 | 13 | 8 | 9 | 22 | 5 | 6 | 9 | 12 | 10 | 6 | 7 | 5 | 7 | 10 | 5 | 7 | 4 |
| 총 횟수 | 39 | 21 | 32 | 37 | 29 | 43 | 49 | 38 | 42 | 37 | 50 | 42 | 46 | 60 | 42 | 52 | 56 |

꺾은선그래프는 시간의 흐름에 따른 변화를 알 때 편리해. 그래서 앞으로 일어날 일을 예측하는 자료로 많이 활용돼.

## 위치까지 한눈에 보여 주는 그래프

그런데 앞의 막대그래프와 꺾은선그래프만으로는 어떤 지역에서 어느 정도 규모의 지진이 발생했는지 알 수 없어. 1978년부터 2012년까지 우리나라에서 발생한 지진의 위치와 규모, 횟수 등을 한눈에 볼 수 있는 그래프가 있다면 편리하겠지?

'진앙'이란 지진이 처음 시작된 곳을 말하고, '분포도'란 일정한 범위 안에 흩어져 퍼져 있는 모습을 그린 그림을 뜻해.

아래는 1978년부터 2012년까지 지진이 발생한 위치와 그 규모를 지도 위에 표시한 그림이야.

〈진앙 분포도〉

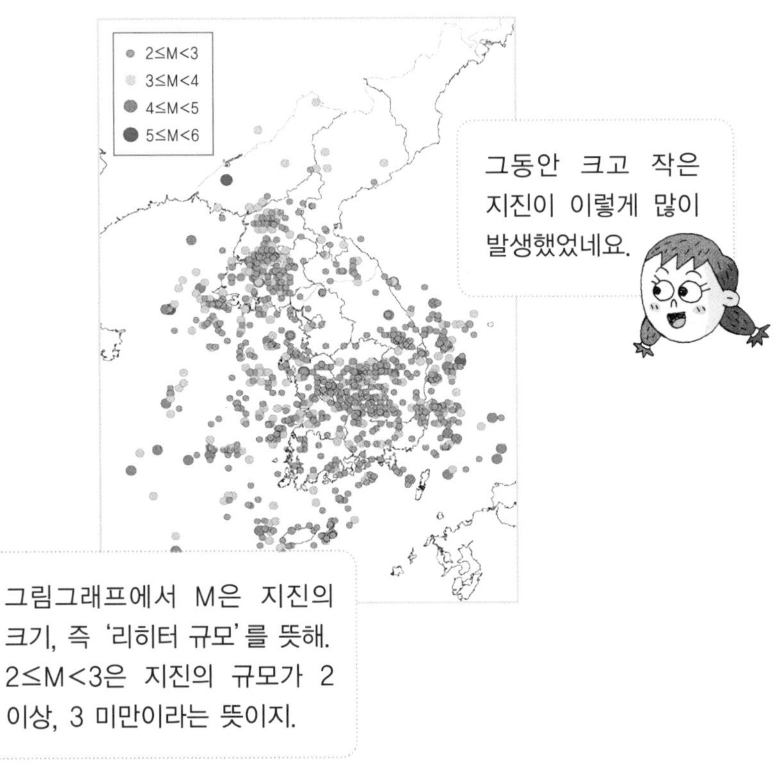

2≤M<3
3≤M<4
4≤M<5
5≤M<6
그동안 크고 작은 지진이 이렇게 많이 발생했었네요.
그림그래프에서 M은 지진의 크기, 즉 '리히터 규모'를 뜻해. 2≤M<3은 지진의 규모가 2 이상, 3 미만이라는 뜻이지.


이처럼 조사한 자료의 수를 한눈에 알아보기 쉽게 그림으로 나타낸 그래프를 그림그래프라고 한단다.

왼쪽의 〈진앙 분포도〉를 보면, 지진의 규모를 ● ● ● ● 의 4단계로 나누고, 색과 크기가 다른 동그라미로 나타냈어. 우리나라에서는 전국적으로 규모 2~3(●)의 지진이 가장 많이 발생했고, 규모 3~4(●)의 지진도 빈번하게 발생했다는 걸 금방 알겠지? 함경도와 강원도에서는 거의 지진이 일어나지 않은 반면, 서해와 남해 쪽에서는 적은 횟수이긴 해도 규모 5~6(●)의 큰 지진이 발생했다는 것도 알 수 있어.

그림그래프는 큰 단위의 수와 작은 단위의 수를 구분하여 나타내는데, 그 기준이 되는 수의 크기를 단위량이라고 해. 우리가 길이를 잴 때 cm, m 등의 단위를 사용하는 것처럼 그림그래프에서도 그림의 색상, 모양, 크기 등이 단위가 되는 거지. 이때 그림이나 도안은 자료의 특징이 한눈에 들어오는 것으로 선택하면 좋단다.

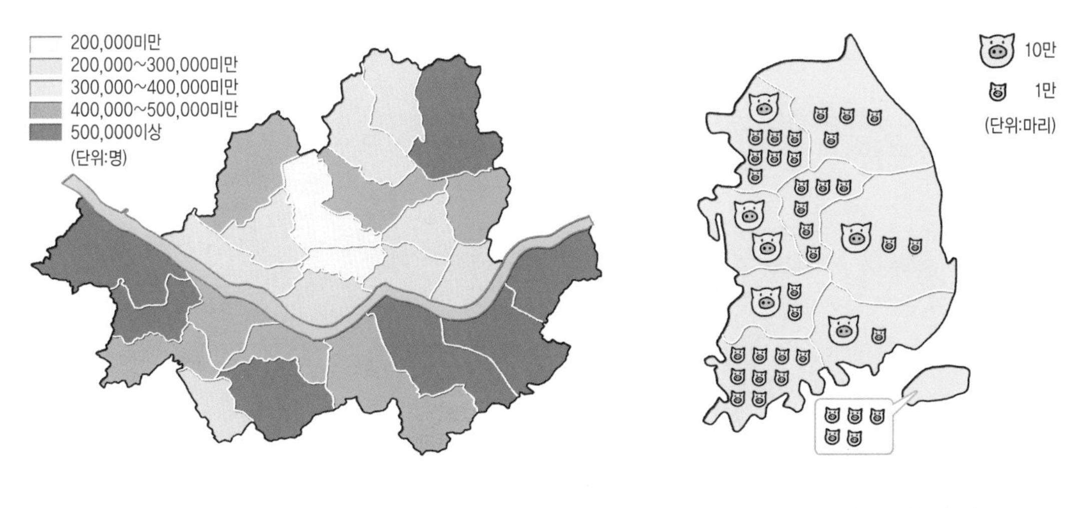


〈2011 서울시 구별 인구 수〉 〈2012 시도별 돼지 마리 수〉

위에서 '서울시 구별 인구 수'는 단위량을 구간별 색깔로, '시도별 돼지 마리 수'는 단위량을 그림(🐷)의 크기로 나타냈단다.

# 표와 그림그래프는 서로 달라!

공리네 삼촌은 시골에서 과수원을 하신다고 했지? 지금쯤이면 사과 꽃이 지고 탐스러운 사과가 달렸겠구나.

| 시도별 | 사과 생산량(톤) |
|---|---|
| 계 | 394,596 |
| 서울특별시 | 0 |
| 부산광역시 | 18 |
| 대구광역시 | 1,195 |
| 인천광역시 | 0 |
| 광주광역시 | 0 |
| 대전광역시 | 29 |
| 울산광역시 | 0 |
| 경기도 | 2,047 |
| 강원도 | 1,422 |
| 충청북도 | 53,641 |
| 충청남도 | 17,936 |
| 전라북도 | 25,191 |
| 전라남도 | 1,737 |
| 경상북도 | 251,661 |
| 경상남도 | 39,719 |
| 제주도 | 0 |

〈2012 시도별 사과 생산량〉

왼쪽은 2012년 우리나라의 시도별 사과 생산량을 나타낸 표야. 일의 자리 수까지 정확하게 적혀 있어. 그렇다면 이제 이 표를 그림그래프로 나타내 보자.

단위량을 색깔로 나타냈을 때, 진한 색으로 표시된 경상북도의 사과 생산량이 가장 많다는 걸 한눈에 알 수 있어. 그러나 그림그래프는 표에서처럼 정확한 수치를 알 수는 없단다.

http://kosis.kr는 국가 통계 포털 사이트야. 이 사이트에는 재미있는 통계와 그래프가 많대.

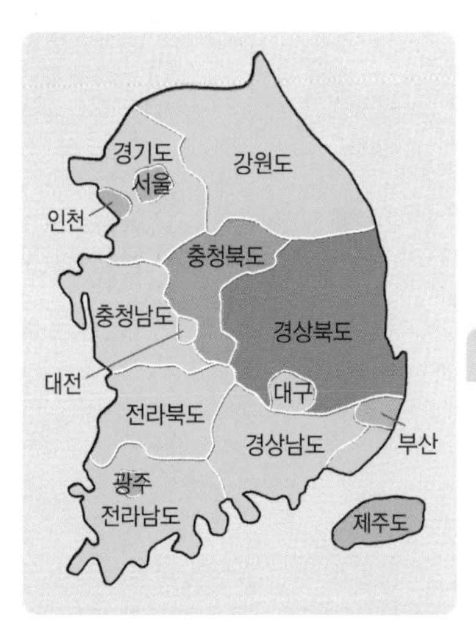


범례란 지도, 도표의 내용을 알기 위해 본보기로 표시해 둔 기호나 부호의 설명이야.

〈2012 시도별 사과 생산량〉

## 볼수록 매력 있는 그림그래프

이번에는 우리나라 사과 생산량을 나타낸 그림그래프와 우리나라의 강수량을 나타낸 기후도를 함께 살펴보자.

'기후도'란 기후가 지역에 따라서 어떤 식으로 분포되어 있는지를 나타내기 위해 만든 지도야.

사과 생산량이 가장 많은 경상북도는 강수량이 적은 반면, 사과 생산량이 적은 강원도, 전라남도, 제주도는 강수량이 많다는 사실을 알 수 있어.

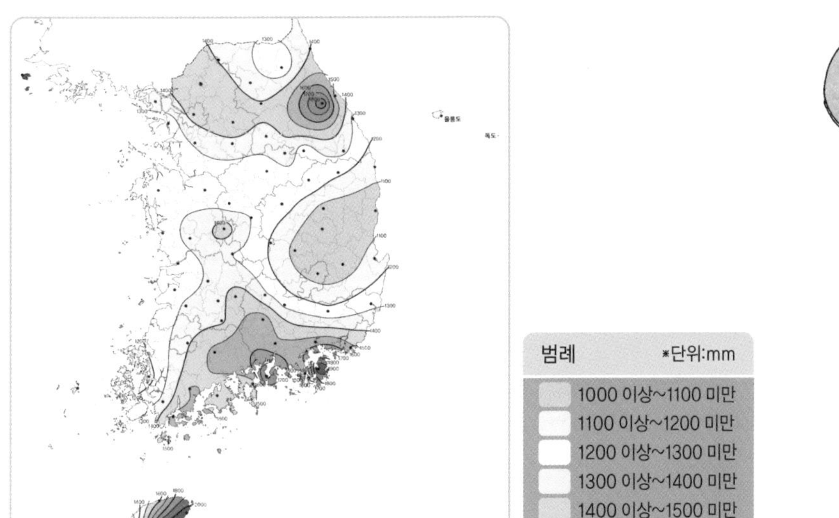


〈우리나라 연평균 강수량〉

아마 사회 시간에도 배웠겠지만, 경상북도는 1970년 이전까지 서울시보다 인구가 더 많았던 곳이란다. 특히 조선 시대에는 농촌 문화의 꽃을 피웠던 곳이지. 경상북도가 살기 좋았던 이유는 지리적으로 서해안과 가깝고 일조량이 많아서 사과가 잘 자랄 수 있는 기후 조건을 갖추었기 때문이었어. 이처럼 그림그래프는 지형도나 인구분포도 등과 함께 자료의 상황을 분석하고 알아볼 때에도 매우 유용하게 쓰인단다.

그림그래프를
그리는 순서는
다음과 같아.
① 단위량을 알맞게 정한다.
② 그림이나 도안을 선택한다.
③ 자료의 수를 단위량에 따라 그림이나 도안으로 나타낸다.

단위량을 정할 때,
자료 사이에 수량
차이가 크면
수를 그림으로,
차이가 적으면
구간을 정해서
나타내는 것이 좋아.

# 그림그래프 그리기

2학년 때 배웠던 그림그래프보다 조금 더 복잡하고 어렵게 느껴질지도 모르겠지만, 수량이 조금 커지고 위치 정보가 더해졌을 뿐, 찬찬히 살펴보면 전혀 어렵지 않아.

너희가 주로 즐겨 마시는 영양 간식, 우유의 생산량을 가지고 그림그래프를 그려 보자. 아래는 국가 통계 포털 사이트에 나와 있는 2011년 우리나라 시도별 우유 생산량을 표로 정리한 거야.

왼쪽의 표를 보면 우유의 생산량을 수치로 알 수 있어. 이 수치를 참고해 간단한 그림으로 나타내어 볼까?

| 시도별 | 우유 생산량(톤) |
|---|---:|
| 계 | 1,889,150 |
| 서울특별시 | 223 |
| 부산광역시 | 3,968 |
| 대구광역시 | 9,833 |
| 인천광역시 | 15,749 |
| 광주광역시 | 2,759 |
| 대전광역시 | 0 |
| 울산광역시 | 5,170 |
| 경기도 | 728,388 |
| 강원도 | 74,577 |
| 충청북도 | 106,786 |
| 충청남도 | 346,241 |
| 전라북도 | 144,761 |
| 전라남도 | 138,511 |
| 경상북도 | 166,752 |
| 경상남도 | 127,756 |
| 제주도 | 17,676 |

〈2011 시도별 우유 생산량〉

단위량은 보통 반올림하여 어림값으로 나타내는데, 이때 자료를 잘 살펴서 어느 자리 수까지 나타낼지 결정해야 해. 표에서 가장 큰 수는 728,388이고, 0을 제외한 가장 작은 수는 223이야. 그렇다면 어느 자리 수에서 반올림하면 좋을까?

그래, 천의 자리에서 반올림하여 만의 자리까지 나타내면 그리기도 쉽고, 적당하겠구나.

표의 수치들을 천의 자리에서 반올림하면 다음과 같아.

| 시도별 | 우유 생산량(톤) | 시도별 | 우유 생산량(톤) |
|---|---|---|---|
| 서울특별시 | 0 | 경기도 | 73 |
| 부산광역시 | 0 | 강원도 | 7 |
| 대구광역시 | 1 | 충청북도 | 11 |
| 인천광역시 | 2 | 충청남도 | 35 |
| 광주광역시 | 0 | 전라북도 | 14 |
| 대전광역시 | 0 | 전라남도 | 14 |
| 울산광역시 | 1 | 경상북도 | 17 |
| 제주도 | 2 | 경상남도 | 13 |

〈2011 시도별 우유 생산량〉

단위량이 크면 그리기는 쉽지만 자료의 수가 정확하지 않고, 단위량이 작으면 자료의 수는 정확히 알 수 있지만 그리기 힘들고 한눈에 알아보기도 어려워지는군요.

단위량은 자료의 성격에 따라 두 개, 또는 세 개 이상으로 구분하여 나타낼 수 있어. 이 자료에서는 두 개가 좋겠다.

이제 단위량을 나타낼 그림을 정해 볼까? 알아보기 쉬운 그림으로 나타내면 되는데, 우유의 생산량이니 귀여운 우유병 그림으로 표시를 하자.

표시가 모두 끝났으면 마지막으로 어림한 자료의 수를 그림으로 그리면 돼. 어때? 매우 간단하지?

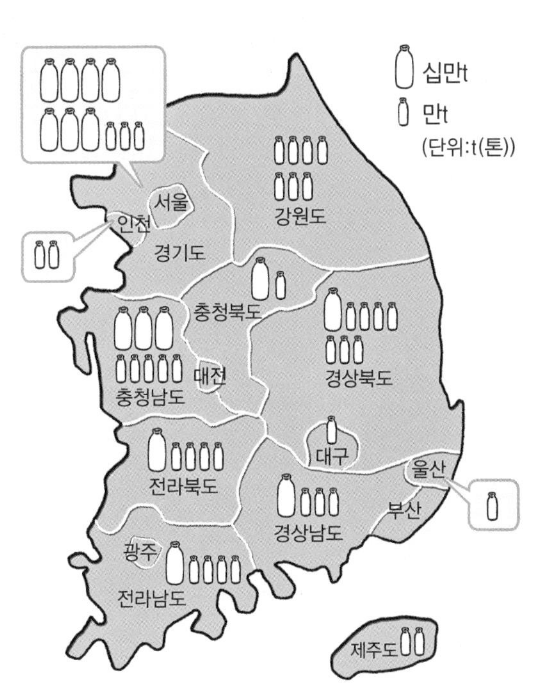


〈2011 시도별 우유 생산량〉

# 평균의 함정

앞에서 시골에 귀농하신 분들의 평균 연령이 57세라고 했던 것 생각나니? 과연 여기서 '평균'은 무엇이고, 어떻게 구할 수 있을까?

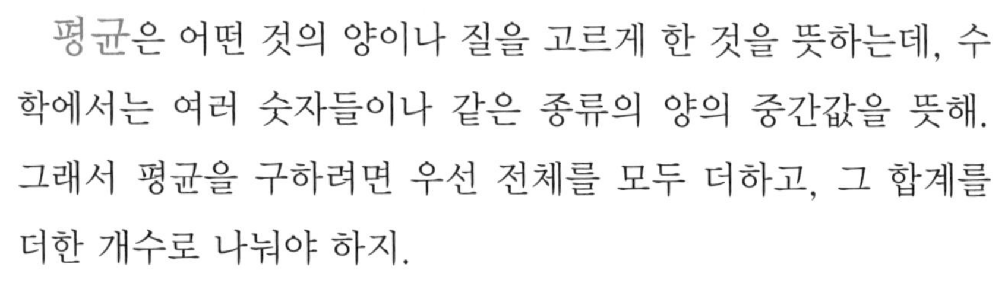

평균은 어떤 것의 양이나 질을 고르게 한 것을 뜻하는데, 수학에서는 여러 숫자들이나 같은 종류의 양의 중간값을 뜻해. 그래서 평균을 구하려면 우선 전체를 모두 더하고, 그 합계를 더한 개수로 나눠야 하지.

평균은 자료 전체의 합을 자료의 개수로 나눈 값이야.

아래 그림을 보면서 개념을 확실히 이해해 보자.

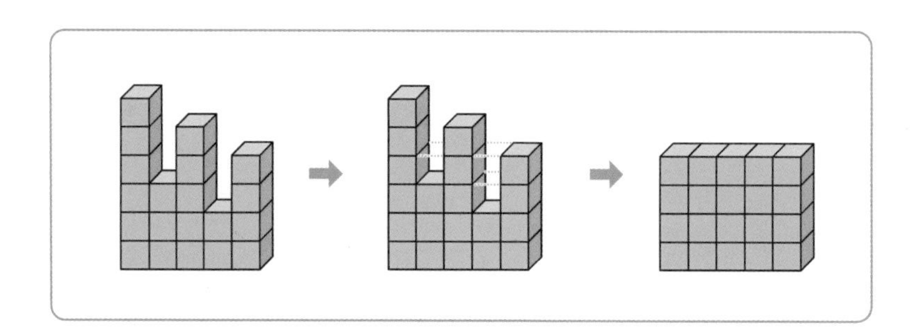

왼쪽부터 세로로 6개, 3개, 5개, 2개, 4개 쌓여 있는 블록이 있어. 이 블록을 더하거나 빼지 않으면서 높이를 같게 해 보자. 블록의 세로줄 개수를 4개씩으로 하면 되겠지? 이때, 블록 개수의 전체 합인 20을 줄의 수 5로 나눈 4가 바로 평균이 되는 거야.

평균인 4를 기준으로 5와 6은 '평균보다 높다'라고 분류할 수 있고, 2와 3은 '평균보다 낮다'라고 분류할 수 있지.

$$\text{블록 높이의 평균} = \frac{6+3+5+2+4}{5} = 4$$

아래의 표는 공리와 원준이의 1분 간 타자 속도를 기록한 거야. 공리와 원준이 중 누구의 타자 속도가 더 빠를까?

〈공리의 타자 속도〉

| 횟수 | 타자 속도(타) |
|---|---|
| 1 | 180 |
| 2 | 183 |
| 3 | 205 |
| 4 | 240 |

〈원준이의 타자 속도〉

| 횟수 | 타자 속도(타) |
|---|---|
| 1 | 189 |
| 2 | 191 |
| 3 | 200 |
| 4 | 212 |

$$\frac{180+183+205+240}{4}=\frac{808}{4}=202$$

$$\frac{189+191+200+212}{4}=\frac{792}{4}=198$$

두 사람의 타자 속도를 비교해 보기 위해서는 각자의 타자 속도 평균을 구해 봐야겠지.

공리의 평균 속도는 $\frac{180+183+205+240}{4}=\frac{808}{4}=202$타이고, 원준이의 평균 속도는 $\frac{189+191+200+212}{4}=\frac{792}{4}=198$타야.

자, 정확한 계산을 통해 평균을 구해 보니까 공리가 더 빠르다는 것을 알 수 있겠지? 이처럼 평균은 무언가를 비교할 때, 그 기준이 된단다.

공준이는 시골에 귀농하신 분들의 평균 연령이 57세이니, 할머니의 친한 친구분도 최소한 57세일 거라고 생각했었어. 하지만 평균값과 실제값은 엄연히 다르다는 걸 꼭 기억해두렴.

이번 네 과목의
시험 점수가
국어 87점,
수학 95점,
사회 92점,
과학 93점이니까
87+95+92+93
=91.75
와, 평균 90점이
넘었네!

# 가능성의 표현

소풍이나 체육 대회 전날, '내일 비가 올 가능성이 얼마일까?' 등의 생각을 해 본 적이 있을 거야. 가능성이란 어떤 상황에서 있을 수 있거나 일어날 수 있는 일의 정도를 뜻해. 일어날 수 없는 일은 '불가능', 실제로 존재하거나 일어난 일은 '현실'이라고 하지.

조사한 자료를 표나 그래프로 나타낼 수 있는 것처럼 어떤 일이 발생할 가능성도 수치로 표현할 수 있단다. 낮이 지나면 밤이 되고, 밤이 지나면 낮이 되는 것과 같이 항상 일어날 일의 가능성은 '1' 이야. 반대로 서쪽에서 해가 뜨는 것처럼 절대 일어나지 않을 일의 가능성은 '0' 이 되지.

공준이가 동전 던지기로 순서를 정하자고 했을 때, 원래대로라면 동전은 앞면과 뒷면이 있으니까, 앞면이 나올 가능성은 $\frac{1}{2}$, 뒷면이 나올 가능성도 $\frac{1}{2}$이야. 하지만 공준이는 동전을 뒷면끼리 붙여서 어떻게 던져도 앞면만 나오도록 만들었지? 이런 경우 동전의 앞면이 나올 가능성은 1, 뒷면이 나올 가능성은 0이 된단다.

그렇다면 이벤트에 당첨될 가능성은 얼마일까? 공준이가 당첨될 가능성이 $\frac{1}{2}$이고, 공리가 당첨될 가능성은 그 절반이니까 $\frac{1}{2} \times \frac{1}{2} = \frac{1}{4}$이 되겠구나.

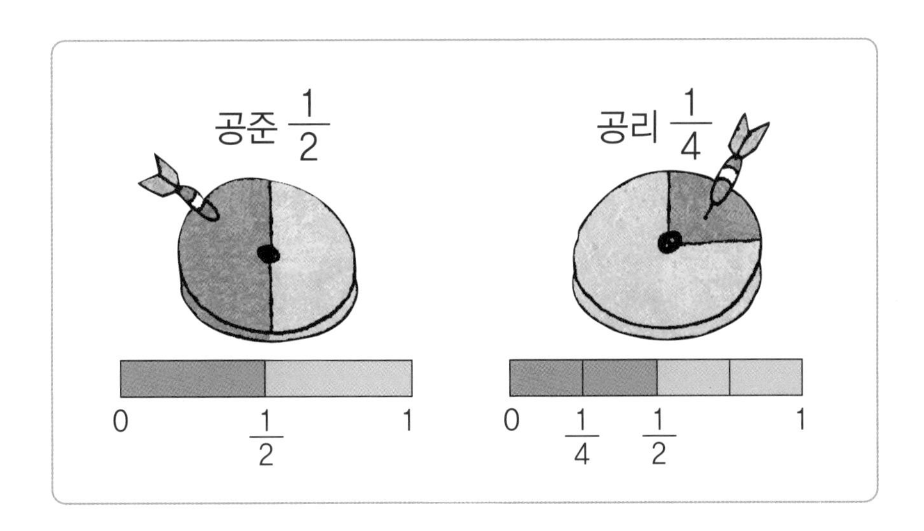

요즘은 시골로 귀농하여 새로운 인생을 사시는 분들의 이야기가 텔레비전에 자주 나오곤 해. 아래는 2011년과 2012년 전국 귀농 가구 수를 나타낸 표란다.

〈전국 귀농 가구 수〉

(단위: 가구)

| 연도 | 전국 | | | 부산 | 대구 | 인천 | 울산 | 세종 | 경기 | 강원 | 충북 | 충남 | 전북 | 전남 | 경북 | 경남 | 제주 |
|---|---|---|---|---|---|---|---|---|---|---|---|---|---|---|---|---|---|
| | | 읍부 | 면부 | | | | | | | | | | | | | | |
| 2011년 | 10,075 | 2,218 | 7,857 | 33 | 60 | 79 | 74 | – | 1,105 | 807 | 745 | 1,110 | 1,078 | 1,500 | 1,840 | 1,291 | 253 |
| 2012년 | 11,220 | 2,302 | 8,918 | 29 | 80 | 89 | 55 | 93 | 1,027 | 972 | 918 | 1,214 | 1,238 | 1,733 | 2,080 | 1,434 | 258 |

1 2011년 전국 귀농 가구 수와 2012년 전국 귀농 가구 수를 찾아 본 다음, 일 년 사이에 어떻게 변했는지 말해 보렴.

서술형

2 2012년 전국 귀농 가구 수를 그림그래프로 나타내려고 해. 단위량을 어느 자리 수까지 반올림하여 나타낼지 말해 보고, 그렇게 생각한 이유도 말해 보렴.

## 3 2012년 전국 귀농 가구 수를 그림그래프로 나타내 보자.

① 그림그래프의 단위량을 정하고, 자료의 수를 반올림한 어림값을 빈칸에 써 보자.

〈2012년 전국 귀농 가구 수〉 (단위 : 가구)

| 시·도 | 경북 | 경남 | 전북 | 전남 | 충남 | 울산 | 부산 |
|---|---|---|---|---|---|---|---|
| 가구수 | 2080 | 1434 | 1238 | 1733 | 1214 | 55 | 29 |
| 십→백 | | | | | | | |
| 백→천 | | | | | | | |
| 시·도 | 경기 | 강원 | 충북 | 세종 | 인천 | 대구 | 제주 |
| 가구수 | 1027 | 972 | 918 | 93 | 89 | 80 | 258 |
| 십→백 | | | | | | | |
| 백→천 | | | | | | | |

② 지도에 알맞은 그림을 그려 넣어 그림그래프를 완성해 보렴.

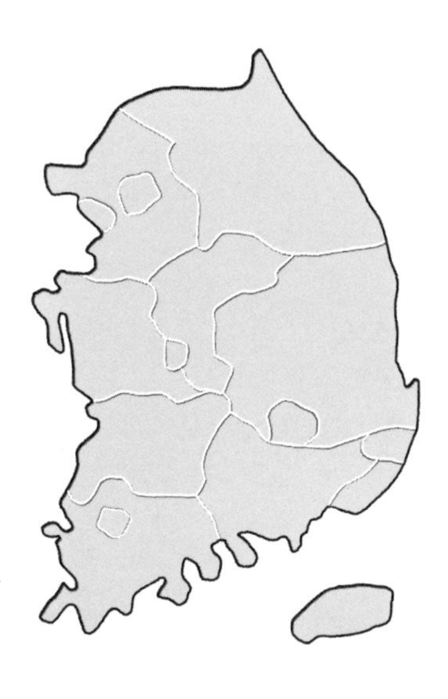

| 단위량 : 가구 | |
|---|---|
| | 1000 |
| | 100 |

**핵심 콕콕**

그림그래프를 그리는 순서
1. 단위량을 알맞게 정한다.
2. 그림이나 도안을 선택한다.
3. 자료의 수를 단위량에 따라 그림이나 도안으로 나타낸다.

공리와 원준이는 수학 시간에 신문 기사를 활용해 그래프를 작성했어.

> 쌀 소비는 급격히 줄어드는 반면 빵 생산량은 꾸준히 늘고 있다. (중략) 식품업계 관계자는 28일 "양산 빵, 베이커리 등 제빵시장의 규모는 2011년 4조 6971억 원 규모로 2010년 4조 1270억 원, 2009년 3조 5878억 원에 비해 연평균 15.5%씩 늘어났다"고 밝혔다. (중략) 이는 서양식 음식문화가 확산된 데 따른 것으로 풀이된다. 다만 식생활 변화에 따른 국민의 영양균형 및 건강 등을 큰 틀에서 점검해야 한다는 우려도 나오고 있다.

**1** 신문 기사를 읽고 표를 완성한 다음, 자료의 수를 어림값으로 간단하게 나타내 보렴. 어느 자리에서 반올림하면 좋을까?

제목: (　　　　　　　　)

단위: (　　　　)

| 연도 | | 어림값 |
|---|---|---|
| 2009 | | |
| 2010 | | |
| 2011 | | |

제목: (　　　　　　　　)

단위: (　　　　)의 자리에서 반올림

**2** 신문 기사 내용에 적합한 그래프의 종류는 무엇일지 아래에 써 보고, 그래프를 위의 빈칸에 그려 보자.

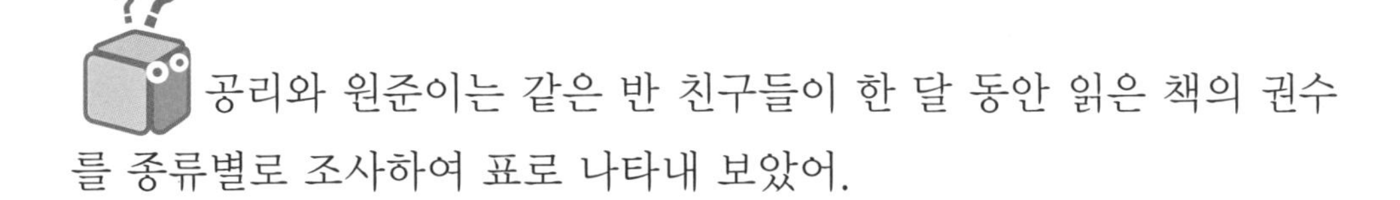

공리와 원준이는 같은 반 친구들이 한 달 동안 읽은 책의 권수를 종류별로 조사하여 표로 나타내 보았어.

**1** 표를 보고 아래의 빈칸에 알맞은 수를 넣어 보자.

| 종류 | 만화 | 동시집 | 동화책 | 위인전 | 기타 |
|---|---|---|---|---|---|
| 권수(권) | 24 | 11 | 18 | 16 | 15 |

우리 반 친구들은 모두 28명이니까 한 사람당 책을 권씩 읽은 셈이야. 공리야, 너는 이번 달에 책을 몇 권 읽었니? 난 4권 읽었어.

나는 5권 읽었어. 우리 둘 다 평균보다 많이 읽었네! 한 권도 안 읽은 친구들은 7명이야. 그러면 책을 한 권이라도 읽은 친구들은 한 달 동안 평균 몇 권을 읽은 걸까?

권이야. 어떻게 구할 수 있냐면,

$$\frac{\quad + \quad + \quad + \quad + \quad}{28-\quad} = \underline{\qquad}$$

**2** 보이지 않는 상자 안에 사탕 3개와 초콜릿 1개가 들어있어. 그렇다면 이 상자 안에서 초콜릿을 꺼낼 가능성은 얼마나 될까?

**핵심 콕콕**

평균은 자료 전체의 합을 자료의 개수로 나눈 값이야.

이야기 수학 ⑤

# 유클리드에 도전한 별난 기하학

우리는 보통 종이 위에 글을 쓰거나, 그림을 그려. 이렇게 평면에 익숙해져 있다 보니 우리가 살고 있는 공간이 휘어졌다는 사실을 잊곤 하지. 사실, 우리가 사는 지구도 원이 아니라 타원이란다.

▲ 비유클리드 기하학

평면에서는 두 점을 연결하는 가장 가까운 거리에 직선을 그을 수 있지만, 휜 공간인 구면에서는 직선을 그을 수 없어. 또한 구면 위에서는 평행하는 직선이 있을 수 없고, 반드시 두 점에서 만나게 되지. 우리가 수학 시간에 배운 것과 좀 다른 내용들이지?

이러한 내용들은 19세기 수학사를 뒤흔든 비유클리드 기하학과 관련된 내용이야. 비유클리드 기하학의 발견은 수학계의 지동설이라 할 만큼 큰 사건이었지. 기하학의 원조인 유클리드에게 도전장을 내민 것이나 마찬가지였으니까 말이야.

유클리드 기하학은 고대 그리스의 수학자 유클리드가 《기하학 원론》이라는 책을 통해 점, 선, 각, 표면, 입체 등에 대해 연구한 내용을 정리한 것으로, 보통 우리가 배우는 평면에서의 기하학이야.

반면 비유클리드 기하학은 쌍곡선 기하학, 타원 기하학 등 여러 기하학을 통틀어 부르는 말이야. 비유클리드 기하학은 유클리드 기하학의 이론 중 하나인 '평행선은 만나지 않는다.'를 부정하지. 비유클리드 기하학의 대표적인 학자에는 독일의 수학자 리만과 러시아의 수학자 로바체프스키가 있어. 리만은 '타원 기하학', 로바체프스키는 '쌍곡선 기하학' 이론을 주장했단다.

'타원 기하학' 라고도 불리는 리만 기하학은 유클리드의 "한 점을 지나 한 직선에 평행한 직선은 오직 하나만 그을 수 있다."라는 이론을 "평행한 두 직선은 존재하지 않는다."로 바꾼 기하학 이론이야. 여기서는 삼각형의 세 각의 합이 180° 보다 크지. 이게 어떻게 가능할까?

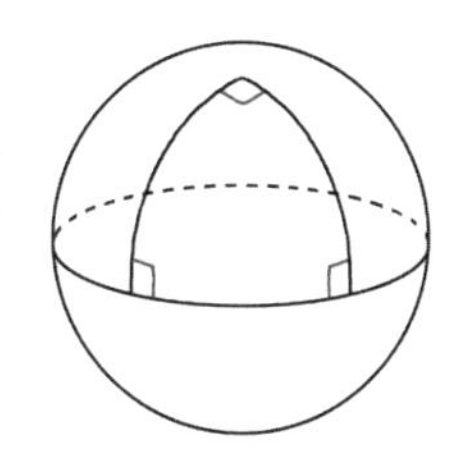

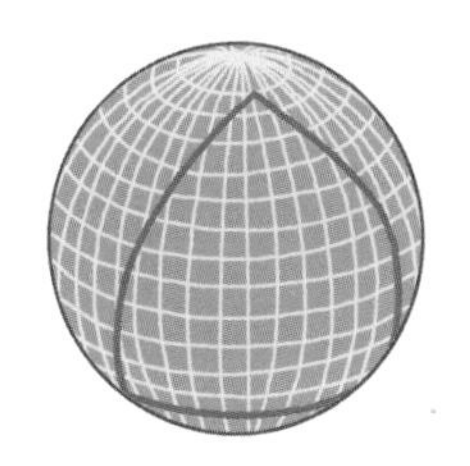

지구본에서 케냐, 에콰도르, 북극점을 찾아 점을 찍은 뒤 점끼리 이어서 삼각형을 그려 보렴.

케냐, 에콰도르, 북극점을 잇는 선분에 의한 삼각형은 한 각이 90°가 되어 내각의 합이 180° 보다 큰 270°가 된단다.

또한 '쌍곡선 기하학' 라고도 불리는 로바체프스키 기하학은 유클리드의 이론을 뒤집고, "한 점을 지나 한 직선에 평행한 직선은 무수히 많이 그을 수 있다."라는 이론을 내세웠어. 왼쪽 그림에서 면 위에 그려진 삼각형이 보이니? 로바체프스키 기하학에서는 삼각형의 세 각의 합이 180° 보다 작아. 그리고 직사각형이란 존재하지 않는단다.

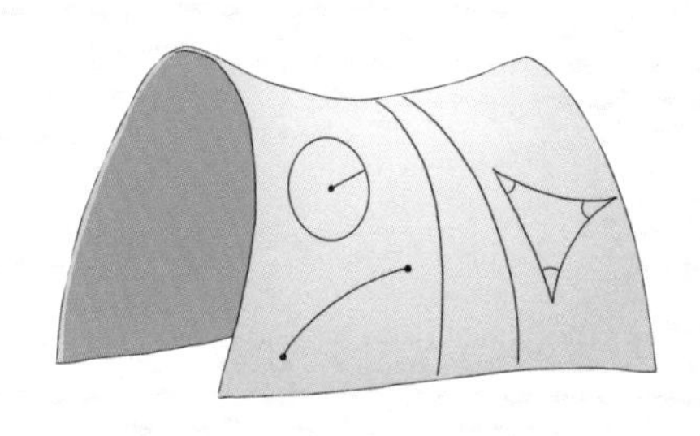

성경책 다음으로 인류가 가장 많이 읽은 책이 바로 유클리드의 《기하학 원론》이라고 해. 그런 유클리드 기하학을 뒤흔든 비유클리드 기하학은 처음에는 엉뚱하고 별난 소리라는 비난을 많이 받았지만, 아인슈타인의 상대성 이론도 가능케 하면서 수학계의 다크호스로 급부상했단다.

**◀ 로바체프스키(좌)와 리만(우)**

비유클리드 기하학의 대표 학자인 러시아 수학자 로바체프스키(Lobachevskii)와 독일의 수학자 리만(Riemann)이다. 비유클리드 기하학은 로바체프스키가 만든 쌍곡선 기하학과 리만이 만든 타원 기하학으로 나뉜다.

날짜 20☆♡년 ♧월 △일 날씨 구름 많음

제목 마시멜로 이야기

오늘은 《마시멜로 이야기》라는 책을 읽었다. 한참 책을 읽다 보니, 갑자기 수학 시간에 배운 '가능성'이 생각났다.

책의 내용에 따르면 사람들은 순간의 만족에 열중하다가 정작 꿈을 이룰 수 있는 기회를 놓치게 된다고 한다. 그래서 당장 눈앞의 마시멜로에 집중할게 아니라 진짜 내 꿈이 무엇이고, 그 꿈을 이루기 위해 지금 무엇을 할지 생각해야 한다는 것이다.

나는 나의 더 큰 마시멜로를 위해 꿈 계획을 세워 보기로 했다.

그래! 과학자가 되기 위해 과학 동아리 활동을 더 열심히 해야지.

그러면 나의 성공 가능성은 $\frac{1}{4}$보다, $\frac{1}{2}$보다 커져서 결국은 1에 가까워지겠지? 으하하, 생각만해도 뿌듯하다!

수학 시간에 배운 '가능성'을 계기로 원준이가 참 많은 생각을 했구나. 미래의 꿈을 향해 한 발씩 나아가려는 원준이를 선생님도 늘 응원할게!

5학년 2학기 비와 비율
비와 비율
어떤 두 수를 상대적으로 비교하려면 '비'로 나타내면 돼.
3:1
'비'는 '비율'과 관계가 있나요?
'비'와 '비율'은 관계가 깊지. 둘 다 실생활 속에서 두루 쓰인단다.

# 마술사의 실수

지금부터 여러분이 기다리던 비눗방울 쇼가 펼쳐집니다!
와우!
짝 짝 짝

신비의 액체 두 가지를 섞어 3가지 다른 색의 비눗방울을 만들겠습니다.
어떤 색이 나올까?
웅성 웅성

먼저 노란색 비눗방울입니다.
얍!
우아~ 예쁜 노란색이야!

이번엔 파란색!
휘익!
너무 신기하다!

이번엔 무지개색을 만들어 보겠습니다.
정말 기대 돼!

엥? 저건 도대체 무슨 색이지?
어, 이게 아닌데….

덜렁대는 조수 녀석이 또 액체의 비를 바꿔놓았군. 이 녀석을 그냥…!

너희도 비눗방울 쇼를 본 적이 있니? 오색찬란한 비눗방울이 참 신기하지? 그런데 무지개색 비눗방울을 만들려던 마술사가 그만 실패하고 말았어.

아하! 무지개색 비눗방울은 마술사가 새로 개발한 두 가지 액체를 적당한 비율로 섞어 만드는 거였는데, 아마 조수가 액체의 비율을 잘못 섞었나 봐. 조수는 어떤 실수를 한 걸까?

| 비눗방울 | 첫 번째 병 : 두 번째 병 |
|---|---|
| 노란색 | 2 : 3 |
| 파란색 | 4 : 6 |
| 무지개색 | 5 : 2 → 2 : 5 |

저런, 노란색 비눗방울과 파란색 비눗방울은 적당한 비율로 섞어 잘 만들었는데, 무지개색 비눗방울은 두 액체의 비율을 5 : 2가 아닌 2 : 5로 잘못 섞었구나. 똑같은 액체를 섞는데 비율이 달라지는 게 뭐가 문제냐고?

이번 시간에는 둘 이상의 수나 양을 비교하는 방법에 대해 알아볼 거야. 선생님과 함께 비와 비율, 백분율에 대해 공부하고 나면 조수가 얼마나 큰 실수를 저질렀는지 알 수 있을 거야.

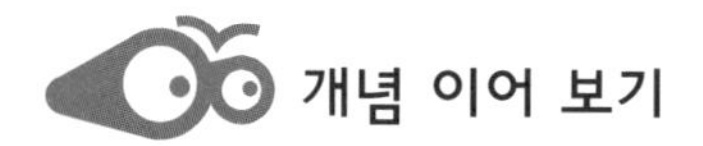


| 앞에서 배운 개념 | 이번에 배울 개념 | 뒤에서 배울 개념 |
|---|---|---|
| • 규칙 찾고 문제 해결하기 | • 비와 비율<br>• 백분율 | • 비례식<br>• 비율그래프 |

쏙쏙 개념 ⑩

5학년 2학기
비와 비율

# 비와 비율의 기준

## 두 수를 비교할 때의 비

공리의 생일을 맞이하여 온 가족이 정성을 담아 맛있는 요리를 준비하고 있구나. 동생의 생일을 축하하기 위해 오빠 공준이도 솜씨를 발휘하고 있어. 손에 요리 기구를 든 공준이가 오늘 만들 음식은 바로 공리가 가장 좋아하는 고구마 케이크야. 고구마 케이크에 들어가는 재료는 고구마, 설탕, 생크림, 스폰지 케이크 등이 있어. 이때, 설탕 1g에는 고구마 5g이 필요하다는구나. 공준이는 설탕과 고구마의 양을 비교하기 위해 표를 그려 보았어.

비가 2:3인 것은 상대적인 양을 나타낸 거야. 즉, 남학생과 여학생이 4명, 6명인 경우와 20명, 30명인 경우도 2:3의 비로 나타낼 수 있지.

| (g) | 1 | 2 | 3 | 4 | 5 | 6 | 7 |
|---|---|---|---|---|---|---|---|
| (g) | 5 | 10 | 15 | 20 | 25 | 30 | 35 |

위의 표를 보면 알 수 있듯이 설탕의 양이 1g씩 늘어날 때마다 고구마의 양은 5g씩 늘어나. 즉, 고구마는 설탕의 5배이고, 반대로 설탕은 고구마의 $\frac{1}{5}$ 배이지.

케이크의 재료인 설탕과 고구마의 양을 어떻게 비교하면 좋을까? 두 수의 상대적인 크기를 비교할 때에는 비로 나타낼 수 있어. 비란, 어떤 두 수 또는 양을 비교하여 몇 배인가를 나타내는 것이야. 설탕의 양 1g과 고구마의 양 5g을 비로 나타내 비교할 때에는 기호 ':'를 사용해 1:5라고 쓰고 1 대 5라고 읽어. 이때 앞에 오는 수 1을 비교하는 양, 뒤에 오는 수 5를 기준량이라고 해. 또한 1:5는 1과 5의 비, 5에 대한 1의 비 또는 1의 5에 대한 비라고 읽을 수 있단다.

그렇다면 1:5와 5:1은 다른 걸까? 5:1은 5가 비교하는 양이고, 1이 기준량이기 때문에 1:5와 전혀 달라.

공준이가 케이크를 만드는 동안 엄마는 아주 특별한 요리를 만들고 계셔. 이 요리에는 설탕이 4g씩 들어갈 때, 소금은 3g씩 들어간대. 이것을 비로 나타내 보자.

설탕:소금=4:3라면, 설탕이 40g 들어갈 때 소금은 30g 들어간다는 뜻이구나.
1


두 수의 비 읽기

- 4 대 3
- 4와 3의 비
- 3에 대한 4의 비
- 4의 3에 대한 비

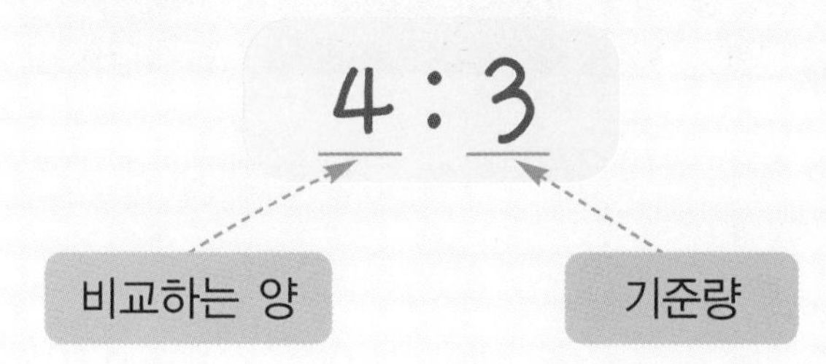

## 두 수의 비를 분수나 소수로 나타내기

오늘은 즐거운 학급 학예회가 열리는 날!

친구들과 선생님, 부모님들까지 모두가 함께 즐길 수 있는 멋진 꿈동이 축제를 위해 공리와 원준이는 춤과 마술 쇼를 준비했어. 계속 이어지는 친구들의 깜찍하고 발랄한 모습에 부모님들은 뜨거운 박수갈채를 보내 주셨어.

바쁜 시간을 쪼개어 꿈동이 축제에 참여해 주신 부모님은 모두 24명이야. 그중에 아버지는 4명이고 어머니는 20명이라면, 어머니의 수에 대한 아버지의 수의 비는 20:4가 되겠구나.

우리 반의 남학생이 20명이고 여학생이 30명이라면,
(남학생 수):(여학생 수) = 2:3
(여학생 수):(남학생 수) = 3:2
(여학생 수):(전체학생 수) = 3:5란다.

그렇다면 어머니의 수는 아버지의 수에 비해 몇 배나 더 많을까? 바로 $\frac{20}{4}$=5, 즉 5배야.

이처럼 $\frac{\text{어머니의 수}}{\text{아버지의 수}}$는 아버지의 수를 기준으로 했을 때, 어머니의 수의 비란다.

반대로 아버지의 수는 어머니의 수의 $\frac{4}{20}=\frac{1}{5}$, 즉 $\frac{1}{5}$배야.

이처럼 $\frac{\text{아버지의 수}}{\text{어머니의 수}}$는 어머니의 수를 기준으로 했을 때, 아버지의 수의 비가 되지.

아버지 4명의 크기를 비교하기 위하여 어머니 20명을 기준으로 할 때, 4명을 비교하는 양, 20명을 기준량이라고 해.

이때 기준량에 대한 비교하는 양의 크기를 비율이라고 한단다.

$$\text{비율} = \frac{\text{(비교하는 양)}}{\text{(기준량)}}$$

비율을 나타낼 때에는 $\frac{1}{5}$로 나타내기도 하고, $\frac{1}{5}$을 소수로 바꿔서 0.2로 나타낼 수도 있어. 또한 기준량이 5이고 비교하는 양이 1일 때의 비율을 그림으로 나타내면 아래와 같아.

$\frac{1}{5}$

만약 비교하는 양과 기준량이 같으면 비율은 얼마나 될까?

당연히 1이 되겠지. 그러면 비교하는 양과 기준량이 다르면 어떻게 될지 생각해 보렴. 비교하는 양이 기준량보다 작으면 비율은 1보다 작고, 비교하는 양이 기준량보다 크면 비율은 1보다 커진단다.

# 기준량이 100인 경우

꿈동이 축제를 마치고 집으로 가는 길에 공리네 가족과 원준이네 가족은 함께 저녁을 먹으러 식당에 갔어.

세트 메뉴를 선택하면 더 저렴하게 먹을 수 있다는 직원의 말에 공리와 원준이는 얼른 세트 메뉴판을 집어 들었지. 공리는 맛있어 보이는 메뉴 중 세트 ①과 세트 ②를 최종으로 고른 뒤, 더 저렴한 걸 먹기로 했어.

초콜릿 속에
카카오 성분이
72% 들어 있다는
말이 무슨 뜻인가요?

| 메뉴 | 세트 1 | 세트 2 |
|---|---|---|
| 원래 가격 | 25,000원 | 24,000원 |
| 할인된 가격 | 20,000원 | 18,000원 |

기준량을 100으로
보았을 때 카카오
성분의 비율이란다.

그런데 세트 ①과 세트 ②의 원래 가격과 할인된 가격이 각각 달라서 어느 세트가 더 저렴한지 고르기가 어렵네. 이런 경우에는 백분율을 사용하면 편리하게 비교할 수 있단다.

백분율은 기준량을 100으로 할 때의 비율이야. 백분율은 %로 써서 나타내고 퍼센트라고 읽어.

$$백분율 = \frac{(비교하는\ 양)}{(기준량)} \times 100$$

그렇다면 세트 ①과 세트 ②의 할인율을 백분율로 비교해 보자.

세트 ①은 25000−20000=5000, 즉 5000원을 할인해 주는 것이니까 원래 가격에 대한 비율을 분수로 나타내면 $\frac{5000}{25000}=\frac{1}{5}$이야. 기준량을 100으로 하여 계산하면 $\frac{1}{5}=\frac{1\times20}{5\times20}=\frac{20}{100}$이므로 20%를 할인해 준다고 할 수 있어.

세트 ②는 24000−18000=6000, 즉 6000원을 할인해 주는 것이므로 원래 가격에 대한 비율을 분수로 나타내면 $\frac{6000}{24000}=\frac{1}{4}$이야. 기준량을 100으로 하여 계산하면 $\frac{1}{4}=\frac{1\times20}{4\times25}=\frac{25}{100}$이므로 25%를 할인해 주는 거란다. 결국 세트 ②가 더 저렴하겠구나.

이처럼 비는 필요에 따라 분수, 소수, 백분율로 나타내어 적절히 활용할 수 있어. 아래의 표를 보며 비를 분수, 소수, 백분율로 어떻게 나타낼 수 있는지 살펴보자.

| 비 \ 비율 | 분수 | 소수 | 백분율 |
|---|---|---|---|
| 2 : 5 | $\frac{2}{5}$ | 0.4 | 40% |
| 8에 대한 3의 비 | $\frac{3}{8}$ | 0.375 | 37.5% |

비와 비율은 식품의 성분을 나타내거나 가격의 할인율, 야구 선수의 타율, 판매량의 분석 등 다양한 분야에 두루 쓰이니, 생활 속에서 잘 찾아보고 활용해 보렴.

주말에 원준이네와 공리네 가족이 여행을 떠난대. 원준이의 가족은 4인승 자동차에 3명이 타고, 공리의 가족은 5인승 자동차에 4명이 탔어.

1 자동차의 좌석 수에 대한 탄 사람 수의 비율을 분수로 나타내 보렴.

• 원준이 가족의 자동차  • 공리 가족의 자동차 

서술형

2 어느 자동차에 타는 것이 더 넓게 느껴질지 생각하여 써 보고, 그렇게 생각한 이유를 설명해 보렴.

**핵심 콕콕**

각각의 자동차에 탄 사람 수를 '비교하는 양', 탈 수 있는 전체 사람 수를 '기준량'으로 하여 비율을 구한 뒤, 크기를 비교해 봐.

공리는 엄마를 따라 백화점에 갔어. 백화점에서는 상품에 따라 일정한 퍼센트로 할인해 주기도 하고, 일정한 금액을 할인해 주기도 했지. 아래의 표는 팔고 있는 상품의 가격과 할인 받을 수 있는 방법을 정리한 거야.

| 상품 | 원래 가격 | 할인 방법 중 1개 선택 | |
|---|---|---|---|
| | | 〈할인 방법 1〉 | 〈할인 방법 2〉 |
| 게임 CD | 32,000원 | 20% | 6,000원 할인 |
| 자전거 | 98,000원 | 25% | 30,000원 할인 |
| 지갑 | 26,000원 | 30% | 8,500원 할인 |

1 자전거를 〈할인 방법 1〉로 구입하였을 경우, 할인 금액을 구해 보자.

2 지갑을 어떤 방법으로 할인을 받아야 더 싸게 살 수 있는지 설명해 보렴.

**핵심 콕콕**

- 백분율을 분수와 소수로 나타내면,
  30% ➡ $\frac{30}{100}$ ➡ 0.3
- (비교하는 양)=(기준량)×(비율)임을 알고, 비율을 소수로 나타내어 계산하면 쉽게 풀 수 있어.

이야기 수학 ⑥

# 가장 아름다운 비율, '황금비'

예부터 많은 예술가와 학자들은 황금비에 대해 극찬했어. 고대 그리스의 철학자 플라톤은 황금비를 '세상 삼라만상을 지배하는 힘의 비밀을 푸는 열쇠' 라고 하였고, 이탈리아의 시인 단테는 황금비를 '신이 만든 예술품' 이라고 했지. 황금비란 아래의 그림처럼 한 선분을 두 부분으로 나눌 때, 전체에 대한 큰 부분의 비와 큰 부분에 대한 작은 부분의 비가 같게 만든 비를 말해.

그리고 어떤 선분을 그 길이의 비가 황금비가 되도록 둘로 분할하는 것을 '황금 분할' 이라고 하지. 황금비는 대략 1.618 : 1 정도 돼.

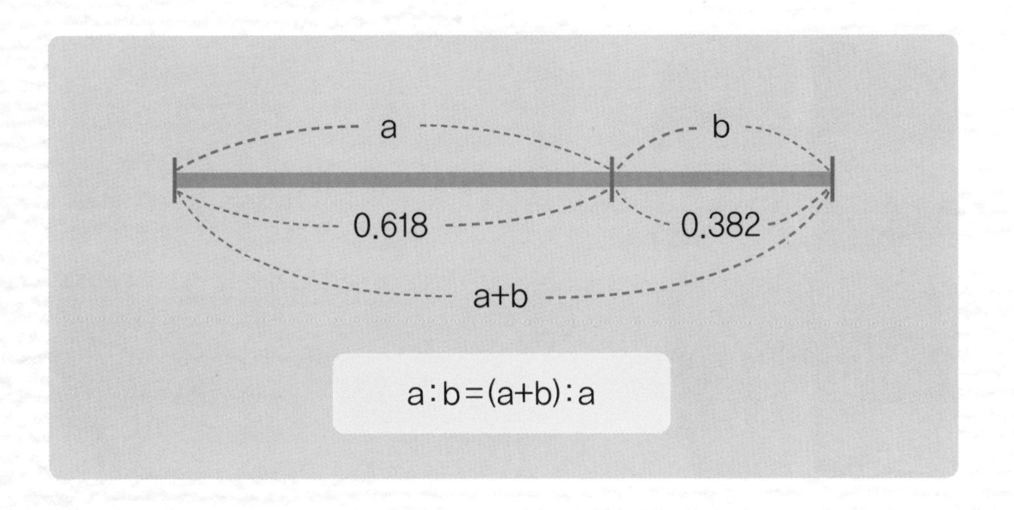


고대 그리스의 수학자 피타고라스 역시 황금비를 극찬했는데, 그건 바로 고대 그리스에서 비례와 질서, 조화를 아름다움의 본질로 추구했기 때문이야. 그들은 황금비를 가장 안정감 있고 균형 있는 비율로 느꼈단다.

아름다움과 조화를 나타내는 황금비는 고대의 건축, 회화, 조각 등에 많이 사용되어 왔어. 대표적인 예로 그리스 아테네에 있는 파르테논 신전과 밀로의 비너스 상 등을 들 수 있어.

요즘에도 황금비는 사람의 시각을 편안하게 해 주는 가장 아름다운 비율이라 여겨지고 있어. 그래서 책이나 컴퓨터 모니터, 텔레비전 화면, 영화관 스크린 등의 가로와 세로의 비율을 일부러 황금비에 가깝게 만들고 있단다. 우리 주변에서 흔히 볼 수 있는 신용카드의 가로와 세로 길이의 비도 약 1.618 : 1이지.

우리나라에서도 주로 사용하는 비율이 있는데, 이를 '금강비' 라고 해. 이 비율은 1.414 : 1 정도로, 우리나라 건축물과 문화재에 두루 사용되었단다. 그 대표적인 예가 경주에 있는 석굴암이야. 또한 우리가 자주 사용하는 A4용지의 가로와 세로 비율도 바로 금강비란다.

**▲ 밀로의 비너스 상**

고대 그리스의 조각상이며 기원전 130년~120년경에 만들어진 것으로 추정된다. 이 조각상은 상반신과 하반신, 배꼽~무릎 위와 무릎 아래가 1.618:1인 완벽한 황금비로 유명하다.

**◀ 금강비로 만든 석굴암**

금강비는 동양적인 건축물의 아름다움과 안정감을 표현할 수 있어 우리나라 건축물과 문화재에 뚜렷하게 나타나는데, 그중에서도 석굴암은 가장 아름다운 금강비로 꼽힌다.

날짜 20☆♡년 ♧월 △일 날씨 비옴

제목 내 포인트는 얼마일까?

우리 동네 대형 문구 매장에서는 물건을 구입하면 그 물건 값의 20퍼센트를 포인트로 적립해 준다. 그래서 학용품이 필요할 때마다 조금 먼 거리지만 일부러 찾아간다. 오늘 학교 수업을 마치고 같은 반 친구인 윤아의 생일 선물을 사기 위해 공리와 함께 문구 매장에 갔다.

무엇을 살까? 미리 생각해 놓은 핸드폰 고리, 장갑, 머그컵, 학용품 세트를 살펴보다가 7000원짜리 장갑과 1000원짜리 생일 카드를 샀다. 그리고 공리는 1권에 500원 하는 공책을 2권 샀다. 구입한 총액이 9000원이니 오늘 적립된 포인트는 1800원이구나. 할인액이 포인트로 적립된다고 생각하면 저축하는 기분이 들어 왠지 뿌듯하다.

포인트가 많이 쌓이면 부모님께 선물을 사드려야지~!

수학 시간에 배운 비와 비율을 실생활 속에서도 적절히 사용하는 모습을 보니 참 기특하구나!

## 정답

**15쪽**

1, 2, 3, 4, 6, 12
1, 2, 3, 4, 6, 12

**20쪽**

(1) ① 1, 3, 5, 15
② 1, 3, 5, 15

(2) ① 3, 9
② 2, 3, 4, 6, 12
③ 1, 3
④ 3

① 7, 2, 3
② 7, 2, 3, 84

**21쪽**

(1) 12cm
케이크를 1cm, 2cm, 3cm, …등으로 자르면 남기는 부분이 없지만 5cm, 7cm, …등으로 자르면 남는 부분이 생긴다. 그러므로 60과 48의 공약수를 구해야 하며, 최대한 크게 자른다고 했으니 공약수 중 최대공약수를 구한다.

(2) 15조각
가로가 3cm, 세로가 5cm씩 늘어날 때, 한 변의 길이가 같은 정사각형의 모양이 나오려면 3과 5의 공배수를 구해야 한다. 그런데 가능한 작은 정사각형으로 만든다고 했으니 3과 5의 공배수 중 최소공배수를 구한다.

**28쪽**

(1) 예) $\frac{3}{5}$, $\frac{5}{7}$, $\frac{13}{19}$ 등등
카드에 적힌 숫자들은 모두 약수가 1과 자기 자신밖에 없는 수이다. 그러므로 어떤 숫자 카드를 뽑아도 분자와 분모의 공약수가 1뿐인 기약분수가 된다.

(2) : $\frac{2}{10} \rightarrow \frac{\cancel{2}}{\cancel{10}} \rightarrow \frac{1}{5}$

: $\frac{9}{15} \rightarrow \frac{\cancel{9}}{\cancel{15}} \rightarrow \frac{3}{5}$

**29쪽**

(3) 예) $\frac{2}{7}$, $\frac{3}{10}$, $\frac{4}{9}$, $\frac{7}{15}$ 등등
2는 3, 7, 9, 15와 공약수가 없으므로 기약분수를 만들 수 있고, 3은 4, 7, 10, 4는 7, 9, 15, 7은 9, 10, 12, 15와 기약분수를 만들 수 있다. 이때 기약분수는 진분수여야 하며, 카드를 한 번씩 사용한다고 할 때 답은 위의 예처럼 나올 수 있다.

(4) 공리, 공리, 공준

**31쪽**

10 – 부족수 1, 2, 5, 8
24 – 과잉수 1, 2, 3, 4, 6, 8, 12, 36
28 – 완전수 1, 2, 4, 7, 14, 28
220 – 과잉수 1, 2, 4, 5, 10, 11, 20, 22, 44, 55, 110, 284
284 – 부족수 1, 2, 4, 71, 142, 220

**42쪽**

(1) ① 6, 1, 1, 1, 2
② 2, 6, 5, 3

(2) ① $\frac{1}{4}+\frac{1}{8}$
② $\frac{1}{2}+\frac{1}{3}$

**43쪽**

(1) ① 15, 1, 4
② 6, 1, 10

(2) $1\frac{17}{20}$시간

**47쪽** $1\frac{2}{3}$

**51쪽** 12, 10, 7, 10, 84, 100, 0.84
84, 0.84

**52쪽** ① ㉠: $1m^2$ ㉡: $\frac{2}{5}m^2$
㉢: $\frac{3}{4}m^2$ ㉣: $\frac{3}{10}m^2$

② $2\frac{9}{20}m^2$

③ 결과가 같다. 대분수 $1\frac{3}{4}$은 $(1+\frac{3}{4})$과 같고, $1\frac{2}{5}$는 $(1+\frac{2}{5})$와 같기 때문이다.

**53쪽** ①
① 522
② 5.22
③ 5220
④ 0.522
⑤ 52.2
⑥ 5.22

②
① 0.329
② 32.9
③ 32900
④ 3290
⑤ 3.29
⑥ 0.329

③ 1.2m
$(0.65\times2)-0.1=1.2$

**55쪽** 84살

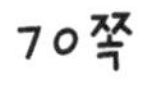

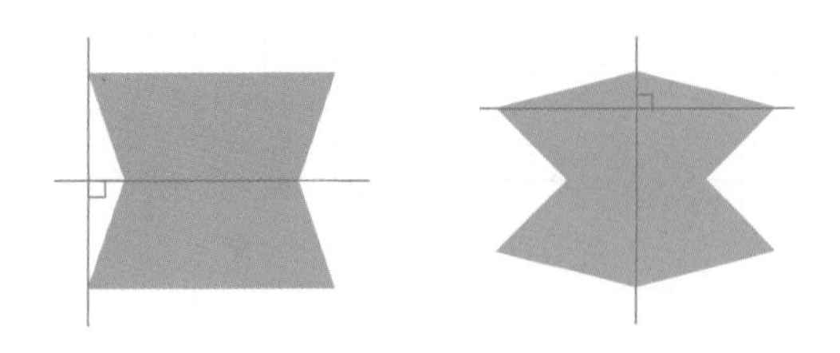

**73쪽**

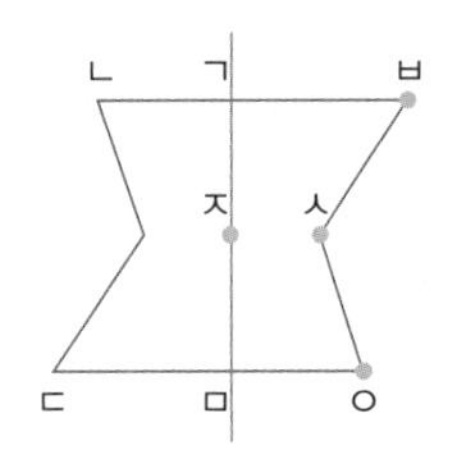


**74쪽** ①

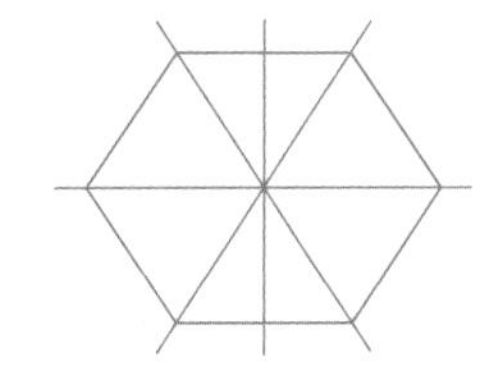

② 한 변의 길이와 그 양 끝 각의 크기가 같으므로 합동이다.

**75쪽** ① 지우개, 교과서, 핸드폰, 컴퓨터 모니터 등.

② 될 수 없다. 점대칭도형은 대칭의 중심으로 180° 돌렸을 때 처음 도형과 완전히 겹쳐져야 하는데 삼각형은 겹쳐지지 않기 때문이다.

**78쪽**

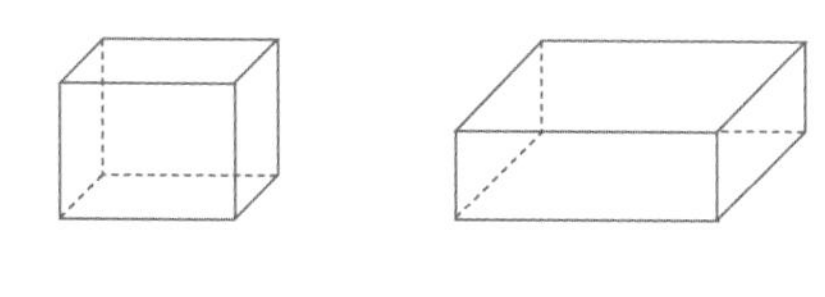

**83쪽**

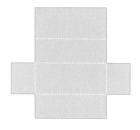

**85쪽**

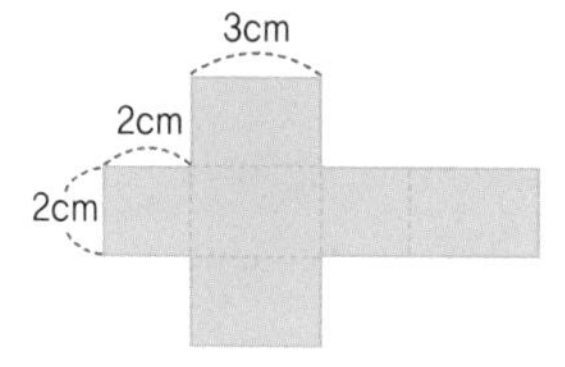


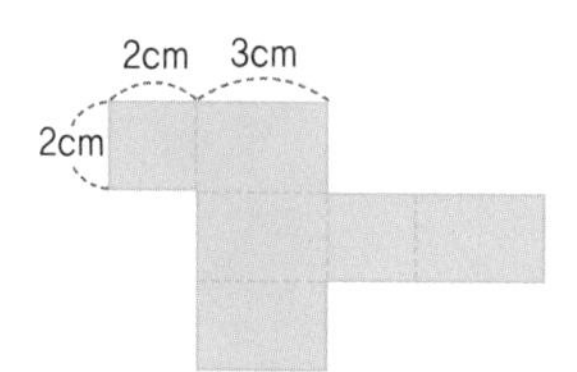


**86쪽** ①

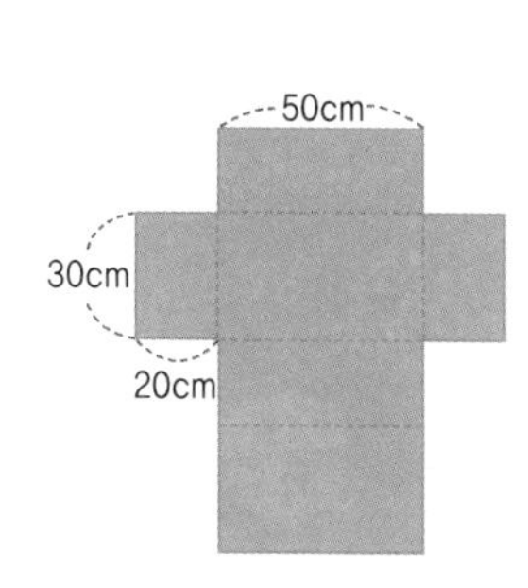


② ㉠ 면이 마주 보고 있지 않아서 직육면체가 되지 않습니다.

㉡ 직육면체는 면이 6개인데, 면이 7개이므로 직육면체가 되지 않습니다.

㉢ 마주 보는 면의 모양이 다르면 직육면체가 되지 않습니다.

**87쪽** ①

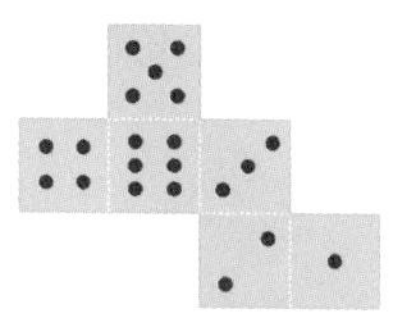

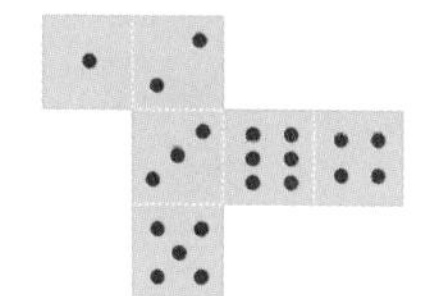

②

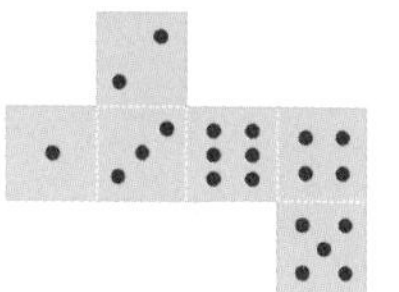

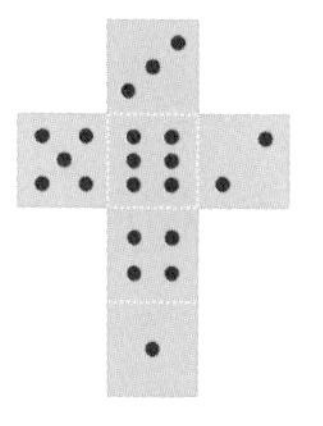

**106쪽** ① 48m

사다리꼴 안에 있는 직각삼각형의 넓이를 두 가지 방법으로 구하면 높이를 알 수 있다. 먼저 밑변이 80m이고 높이가 60m일 때, 넓이는 $(80\times60)\div2=240m^2$이 된다. 그러므로 밑변이 100m이고 높이가 □일 때에도 넓이는 $240m^2$가 되어야 한다. 즉, □는 48m이다.

② 4560m²
{(90+100)×48}÷2=4560

**107쪽** ① 240a
전체에서 길을 뺀 파란색 부분만 모아 직사각형을 만들어 넓이를 구한다.
(123−3)×(202−2)=120×200
=24000m²=240a

② 80m
36a는 3600m²와 같다.
직사각형의 넓이는 (가로)×(세로) 이므로 □×45=3600, □는 80 이다.

**108쪽** ① ㉮150m²
{(20×20)÷2}−{(10×10)÷2}
=200−50 =150

㉯304m²
(16×20)−(2×8)=320−16
=304

② ㉮1500000cm²

㉯3040000cm²

**109쪽** ① 10000그루
3ha=30000m²이므로 30000÷3=10000이다.

② 120kg
1ha는 100a이고, 12t은 12000kg와 같다. 그러므로 1a는 120kg이다.

**130쪽** ① 전국 귀농 가구 수가 10,075가구에서 11,220가구로 총 1,145가구 늘어났다.

② 십의 자리(백의 자리)수에서 반올림하여 백의 자리(천의 자리) 수까지 나타내야 한다. 그림그래프는 자료를 한눈에 비교할 수 있어야 하기 때문이다.

**131쪽** ③

① 〈2012년 전국 귀농 가구 수〉 (단위:가구)

| 시·도 | 경북 | 경남 | 전북 | 전남 | 충남 | 울산 | 부산 |
|---|---|---|---|---|---|---|---|
| 가구수 | 2080 | 1434 | 1238 | 1733 | 1214 | 55 | 29 |
| 십→백 | 21 | 14 | 12 | 17 | 12 | 1 | 0 |
| 백→천 | 2 | 1 | 1 | 2 | 1 | 0 | 0 |
| 시·도 | 경기 | 강원 | 충북 | 세종 | 인천 | 대구 | 제주 |
| 가구수 | 1027 | 972 | 918 | 93 | 89 | 80 | 258 |
| 십→백 | 10 | 10 | 9 | 1 | 1 | 1 | 3 |
| 백→천 | 1 | 1 | 1 | 0 | 0 | 0 | 0 |

②

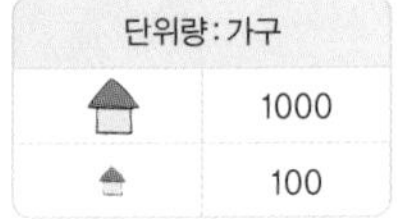

**132쪽** ① 제목: ( 연도별 제빵시장의 규모 )
단위: ( 억 원 )

| 연도 | 빵 생산량 | 어림값 |
|---|---|---|
| 2009 | 35,878 | 36 |
| 2010 | 41,270 | 41 |
| 2011 | 46,971 | 47 |

제목: ( 연도별 제빵시장의 규모 )
단위: ( 백억 )의 자리에서 반올림

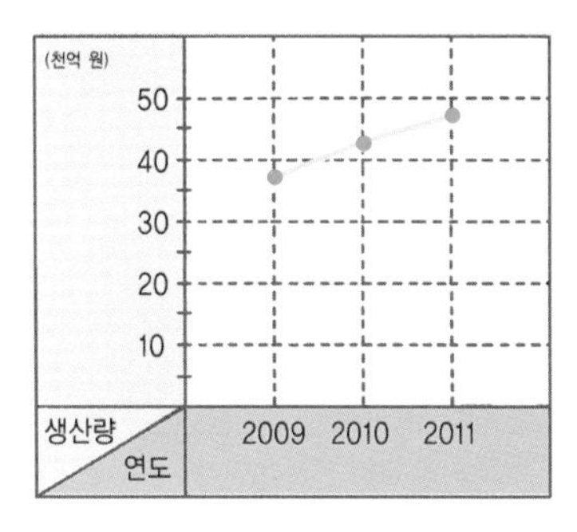


② 연도별 변화량이 한눈에 잘 보이는 꺾은선그래프로 나타내는 것이 좋다.

**133쪽** ① 3, 4

$\frac{24+11+18+16+15}{28-7} = \frac{84}{21} = 4$

② $\frac{1}{4}$

상자 안에는 사탕 3개와 초콜릿 1개, 총 4개가 들어있다. 그중에 초콜릿은 1개뿐이므로, 초콜릿을 꺼낼 가능성은 $\frac{(\text{초콜릿의 개수})}{(\text{전체의 개수})}$ 즉, $\frac{1}{4}$이다.

**146쪽** ① $\frac{3}{4}$, $\frac{4}{5}$

② 원준이 가족의 4인승 자동차에 탄 사람 수의 비율은 $\frac{3}{4}$, 공리 가족의 5인승 자동차에 탄 사람 수의 비율은 $\frac{4}{5}$이다.
따라서 두 비율의 크기를 비교하면 원준이네 자동차에 탄 사람 수의 비율이 더 작으므로, 더 넓게 느껴진다.

**147쪽** ① 24,500원

$98000 \times \frac{25}{100} = 24500$

② 〈할인 방법 2〉가 더 싸다.

- 〈할인 방법 1의 경우〉
  $26000 \times \frac{30}{100} = 7800$
  $26000 - 7800 = 18,200$원
- 〈할인 방법 2의 경우〉
  $26000 - 8500 = 17,500$원

글 **서울교대 초등수학연구회(SEMC)**

서울교대 초등수학연구회는 신항균 총장님과 서울교대 교육대학원 초등수학교육과 졸업생 선생님들이
아이들에게 수학을 쉽고 재미있게 가르치는 방법을 연구하는 모임입니다.
2000년부터 시작된 이 연구 모임은 초등수학과 교육과정 및 교육방법 등을 연구하며,
초등학생을 위한 수학 학습법 및 현직 교사들을 위한 교수법 개발 등의 다양한 활동을 하고 있습니다.

그림 **엔싹(이창우, 류준문)**

(주)엔싹엔터테인먼트는 멀티미디어 콘텐츠 전문 개발 기업입니다. 미디어, 전시, 온라인 사업을 하고 있으며
신선하고 창의적인 기획을 하기 위해 노력합니다. 국내 이미지 콘텐츠를 제작하는 인력을 양성하고
해외 시장 진출을 돕는 'ILLUSTWAY' 브랜드를 만들어 일러스트레이터 에이전시 사업을 함께 하고 있습니다.

서울교대 초등수학연구회 글 | (주)엔싹(이창우, 류준문) 그림

1판 4쇄 펴낸날 2022년 5월 25일
펴낸곳 녹색지팡이&프레스(주) | 펴낸이 강경태
등록번호 제16-3459호 | 주소 서울시 강남구 테헤란로84길 12 (우)06178
전화 (02) 2192-2200 | 팩스 (02) 2192-2399

* 사진 출처: 위키피디아 외
* 출처가 확인되지 않은 사진 자료는 확인되는 대로 조치를 하겠습니다. 연락 주시기 바랍니다.



ISBN 978-89-94780-70-2 63410

이 도서의 국립중앙도서관 출판시도서목록(CIP)은 서지정보유통지원시스템 홈페이지(http://seoji.nl.go.kr)와
국가자료공동목록시스템(http://www.nl.go.kr/kolisnet)에서 이용하실 수 있습니다.(CIP제어번호: CIP2013020396)